新\时\代\中\华\传\统\文\化
▪ 知识丛书 ▪

中华古代科技

主编◎李燕 罗日明

海豚出版社
DOLPHIN BOOKS
中国国际传播集团

图书在版编目（CIP）数据

中华古代科技 / 李燕，罗日明主编 . –– 北京：海
豚出版社，2023.2（2024.2 重印）
（新时代中华传统文化知识丛书）
ISBN 978-7-5110-6265-9

Ⅰ . ①中… Ⅱ . ①李… ②罗… Ⅲ . ①科学技术 – 中
国 – 古代 – 普及读物 Ⅳ . ① N19–49

中国版本图书馆 CIP 数据核字（2023）第 012201 号

新时代中华传统文化知识丛书

中华古代科技

李　燕　罗日明　主编

出 版 人	王　磊	
责任编辑	张　镛	
封面设计	郑广明	
责任印制	于浩杰　蔡　丽	
法律顾问	中咨律师事务所　殷斌律师	
出　　版	海豚出版社	
地　　址	北京市西城区百万庄大街 24 号	
邮　　编	100037	
电　　话	010–68325006（销售）　010–68996147（总编室）	
印　　刷	河北鑫玉鸿程印刷有限公司	
经　　销	新华书店及网络书店	
开　　本	710mm×1000mm　1/16	
印　　张	9	
字　　数	78 千字	
印　　数	5001—8000	
版　　次	2023 年 2 月第 1 版　2024 年 2 月第 2 次印刷	
标准书号	ISBN 978-7-5110-6265-9	
定　　价	39.80 元	

序 言

中国是世界四大文明古国之一，有文字可考的历史就有五千多年，中国和中国的传统文化一直屹立于世界之林。

最早期中国的生产力比较落后，但是自从勤劳智慧的古人发明了青铜冶炼和冶铁等技术开始，中国生产力水平就开始有了迅速的发展，到公元前三四世纪的时候，中国的科学技术水平已经是世界领先了，并且在手工业、医学、数学、天文学等多个方面创造出一个又一个辉煌的成果，推动了中国和世界科技水平的不断进步。

目前我们国家正处于强国强军、民族复兴的关键时期，我们是国家的未来，是民族的希望，应当继承我们国家优秀的传统文化，增强民族自豪感。

中华古代伟大的科技成就正是中华传统文化的重要组成部分，无论是天文历法、四大发明，还是数学、地理、农业和工业等，我们古代的科技水平都遥遥领先于世界。但是，我们大部分人对于中华古代科技的认识，却还只停留在四大发明上，对其他科技成就则知之甚少。

四大发明是中华古代科技成就的一部分，它们远不能完全概括中国古代所有的科技成果，所以我们亟须加强对传统科技文化成就的学习。为了点燃大家对中华古代科技的学习热情，我们精心编写了本书。

本书共分为七个部分，分别对中华古代科技的发展历史和特点、四大发明、古代数学成就、古代天文地理成就、古代农业手工业制造成就、古代医学成就以及伟大的古代工程创造成就进行了介绍。

希望大家通过阅读本书，能够全面了解中华古代的科技成就，对中华传统文化有更深刻的了解，进而产生民族自豪感和文化自信，激发起对科技的兴趣，并为国家未来科技的发展贡献自己的力量。

目 录

第四章　天文地理篇

第五章　农业和手工制造业篇

第六章　医学篇

第七章　工程创造篇

第一章

璀璨的中华古代科技

一、中华古代科技有哪些

说到中国古代的科技，你们第一时间会想到什么呢？一定是我们耳熟能详的"四大发明"，对不对？其实，我们中国古代的科技还有很多伟大的成就，下面就跟我一起来了解一下吧！

在人类历史发展的过程中，封建社会科学文化的最高成就是由我们中国创造出来的。在我国古代有四大科学门类，分别为农学、医学、数学和天文学。从夏商周时期开始，我们勤劳智慧的祖先就在生产生活中不断地创造出了一个又一个科技奇迹。

在农学方面，北魏时期的贾思勰编写了中国最早的一部完整的农学著作《齐民要术》，书中系统总结了6世纪以前黄河中下游地区农牧业的生产经验，食品如何加工、储藏，如何利用野生植物等内容，使农业有了更深的发展。随着冶铁技术的成熟，农业耕种、灌溉用具更加精细，随之也出现了很多农学书籍。到了明代，徐光启编著的《农政全书》，不但记载了我国古代农业生产的理论和科学方法，而且介绍了一些欧洲先进的水利技术和工具等。

在医学方面，医祖扁鹊首创望、闻、问、切四诊法，成为中医的传统诊病法，沿用千年。在战国、两汉时期，《黄帝内经》《神农本草经》《伤寒杂病论》等医学著作相继问世，成为中医学的经典之作。东汉末年，神医华佗发明了麻沸散，比西方国家早一千六百多年。唐代名医孙思邈的《千金方》、藏族名医元丹贡布的《四部医典》以及唐高宗时期编著的《唐本草》在我国的医药史上占有重要地位。明代李时珍编著的《本草纲目》是中国本草学集大成之作，被人们誉为"东方医药巨典"。

在数学方面，东汉时期的《九章算术》最早提到分数问题，并且首次阐述了负数及其加减运算法则。南北朝时期的祖冲之首次将圆周率精算到了小数第七位，这一成果比西方早了一千多年。"算经十书"中的《周髀算经》，更是记载了我国古人最早使用和证明勾股定理的例子。

在天文学方面，我们的祖先在春秋战国时期就已经确切记录了世界公认的首次出现的哈雷彗星，这一记录比欧洲早了六百多年。我国在战国时期就已经有了世界上最早的天文学著作《甘石星经》。西汉时期制定了我国古代第一部比较完整的历法《太初历》。东汉科学家张衡更是最早对月食做出了科学解释，其发明的地动仪可预测地震发生的方位，比欧洲早一千七百多年。唐代的《大衍历》标志着中国古代历法的成熟。元代天文学家郭守敬创造了近二十件天文观测仪器，并主持编订了《授时历》，它以365.2425 日为一年，和公历基本一致，但是比西方早采用了三百年。

除了以上四个方面，我国古代在地理、手工业、建筑业、纺织业等方面也有很多科技成就，并领先于世界，这真是值得我们骄傲自豪的事情啊！

二、中华古代科技发展史

中华文明源远流长，璀璨的科技成就是其中最不可忽视的部分，它们推动着世界的发展、历史车轮的向前，为人类文明的进步与发展做出了重大的贡献。今天就让我们一起来回顾中华古代科技的发展历程吧。

如果说人类的历史是从制造工具开始的，目前世界上已知的最早的古人类化石距今有三四百万年。中国作为古人类遗址发现较多的国家之一，最早的古人类距今有一百七十多万年。

在原始社会漫长的岁月中，先民们从零开始，一步步地，艰难而又缓慢地前进，创造了最初的技术，积累了一些科学知识，打开了中华古代科技发展的先河。随着生产力的发展，生产技术的提高，农业和手工业都获得了很大的进步，社会分工也进一步细化，这为科学的进一步发展创造了必要条件。

春秋战国时期，铁制农具开始广泛使用，新的耕作制度也已经制定，农家学派和农业专业用书开始出现；各种手工业锻造技术不断优化进步，我国第一部手工业技术规范著作《考工记》就在这一时期出现了。随着生产力提高、社会变革、学术思想的繁荣，科学技术也进入了繁荣发展的阶段。在医学方面，职业医生不断涌现，医学专著陆续问世，《黄帝内经》对中医进行了系统的探索研究，使得中医理论初步建立。天文方面，世界上最早的星表《石氏星表》出现了，古人在文献中记载了关于哈雷彗星的相关内容。聪明的古人学会用天文观测仪来测定时间，用圭表观测日影来确定季节。数学上，古人创造了十进位制，发明了筹算，能独立进行四则运算和乘方、开方等比较复杂的运算。

秦汉时期，农业上的轮作制已经基本确立，《神农本草经》《伤寒杂病论》等医学著作依次面世，《九章算术》的诞生标志着中国数学体系的形成。在这个时期，人们还发明了造纸术。造船技术日趋成熟，张衡的地动仪成为世界上最早能够测量地震的仪器。

魏晋南北朝时期，贾思勰撰写的《齐民要术》标志着农学的成熟。刘徽、祖冲之、张子信等数学家、天文学家大大推动了中国古代数学和天文学的发展，圆周率的发现与精确计算早于西方一千多年。医学方面，《脉经》《针灸甲乙经》《神农本草经集注》等著作丰富了中医的医学体系。地理方面，专门记录水道的地理著作《水经》和《水经注》成为中国古代地理学的重要著作。

隋唐时期经济繁荣，为科学技术的发展创造了有利条件。两宋时期，中国古代科学技术的发展到达了高峰。

到了元代，农业进一步发展，王祯的《农书》对中国古代的农业生产进行了全面系统的论述。医学方面，金元四大学派出现，大大丰富了医药学的内容。郭守敬指挥修建通惠河，并编制《授时历》，将我国古代的历法推向了新的高度。

明清时期，封建社会进入末期，各方矛盾不断激化，资本主义开始萌芽，西方的科学技术逐渐传入我国。农学著作增加，专注于如何培育农作物和农场经营管理的书籍增多。医学方面，李时珍的《本草纲目》问世，对药物进行了详细记载。同一时期，建筑和造船技术达到了历史上的顶峰。

纵观中华古代科技的发展，在很长一段时间里都居于世界领先地位，为世界的文明发展做出了巨大贡献。

三、中华古代科技的特点

在了解过中华古代科技的发展历程之后，通过仔细观察，能够发现这其中有一些显著的特点。你们发现了什么呢？

科学技术是人类认识自然、改造自然的实践活动的产物，它经历了从孕育、萌芽、成长到成熟的发展过程。中华古代科技的发展历史很漫长，纵观整个发展历程，我们能从中发现一些特点。

首先，中华古代科技具有很强的实用性。比如，古人认为天文现象能够传达上天的旨意、彰显王朝兴衰变化，因此他们开始研究天文历法。天文历法的测算离不开数学，土地测量、地图绘制、收纳国税等也离不开数学，所以《九章算术》等数学专著就应运而生。农业和医学是事关国计民生的大事，因此历代王朝对它们的发展非常重视。这些科技的发展都是因为生活需要而发展起来的，所以具有很强的实用性。

其次，中华古代科技具有较强的经验性。在众多的古代科技中，一部分关于农事生产、天文测算等方面的科技成果，来自古人对生产经验的直接记载或者是对已知的一些自然现象的直观描述，人们将这些经验进行总结，又应用到生产生活中去，具有较强的经验性。古人这种依靠经验进行的科技创造，缺乏对理论的探索和研究，导致对科技成果缺乏理性的认识，使后续的创新发明具有一定的局限性。

再次，中华古代科技具有一定的封闭性。在中华古代科技发展历程中，古人将重点放在了技术的创新和发展上面，但是在技术创新上缺乏开放性，当遇到外来的科学技术时，经常仅是有选择地吸收或者完全排斥在外。比如，来自美洲的花生、玉米、番薯等农作物传到了中国之后，就迅速得到了种植和推广，但是其他一些先进的科学技术就受到了人们的严重排斥。

最后，中华古代科技具有一定的片面性。中华古代科技是直接服务于封建王朝和统治阶级的，所以相比探究事物发生的原因和规律，统治者更加重视对科学技术的应用。另外，古人都比较重视四书五经等经书，很少以自然界为研究对象，不重视理论的研究。这就导致了中华古代科技比较片面的特点，对事物发展的规律认识严重不足。

　　总的来说，中华古代科技是在特定的时代环境下，自成体系、根据经验独立形成、具有一定实用性的结构体系，虽然不可否认它具有一定封闭性、片面性，但是对于当时的社会民生还是有很大帮助的。

四、中华古代科技衰落的原因

我们中国古代的科技水平一直领先于世界，甚至为人类科技发展做出了重大贡献，但是为什么到了封建社会后期却反倒落后于西方各国呢？是什么原因导致了这一切呢？下面就让我们一探究竟吧！

千百年来，我们国家的科技水平一直处于世界的领先地位。但是，到了封建社会后期，我国的科学技术却逐渐开始缓慢衰落，完全落后于西方国家，这让人忍不住发问，到底是为什么呢？下面我们就对中国古代科学技术衰落的原因进行简要的分析。

第一，农业经济的影响。中国古代的经济是以自给自足的小农经济为主导，农民大多一家一户进行种植生产，原有的科技完全能够满足农耕需要，所以就没有科技创新发展的动力。另外，统治者采取"重农抑商"的政策，对工商业和手工制造业进行压制，使得古代科技没有足够的空间可以生长。各个行业对自己的"独家秘方"极为看重，从不外传，这也导致了很多科学技术难以创新，甚至年久失传。

第二，政治思想的影响。在中国古代的封建社会，人们的思想意识一直处在一种受到禁锢的状态，"重道轻器"的思想一直存在于人们的脑海中。受到这种思想的影响，上至帝王官员，下到平民百姓，几乎都不关心也不重视科技的发展。科技在古代被视为"末技"，科技人员地位极其低下。在这样的环境下，科技如何能够发展呢？

第三，专制制度的影响。在封建专制制度森严的中国古代，全国上下的所有资源都被统治者垄断，尤其有关国家命运、人民生活的科技都在朝廷的掌控之下，为统治阶级服务。由此，科技逐渐走向应用技术，而对科学和理论的研究非常少。

第四，文化的影响。中国古代重视儒家文化，重视培养理论型人才，对科学技术的教育并不重视。学生都希望能够通过科举考试走上仕途，从而衣食无忧，很少有人会去研究科技。

第五，心态的影响。以小农经济为主的农业社会使古代人产生了一种保守的心态，在安稳的状态下，他们逐渐适应了这种生活，并且感到十分满足，由此失去了积极开拓和求新求变的精神，以及探索未知的欲望。

纵观历史，明清时期的闭关锁国政策加速了古代科技的衰落，使我们落后于西方，这些离不开政治、经济、文化、社会等各个方面的共同影响。

今天，我们要开放思想、勇于改革创新，这样才能通过科技的力量壮大我们的国家。

五、为什么要了解中华古代科技

现代社会的科学技术手段层出不穷，使我们享受着高科技产品带来的舒适和便捷。有些人可能有这样的疑惑，既然中国古代的科技已经衰落了，我们为什么还要去了解呢？

中华古代科技是中华传统文化的重要组成部分，也是世界科学技术发展史中十分重要的组成部分，它的出现和发展为人类文明的进步起到了极其重要的作用。

我们在现代科学技术高度发达的今天，重新学习了解中国古代的科技，是对古代先进科技的回顾，更是对古代科技文化的重新理解和感悟。我们可以通过了解中华古代科技的发展历史，学习和借鉴其中的经验和教训。

具体来说，学习和了解中华古代科技，有以下几个好处。

第一，了解中华古代科技，可以帮助我们拓宽知识面，培养科学素养。大多数中国古代的科技都是因当时的生产生活需要而产生的，了解中华古代科技可以帮助我们开阔眼界，了解更多有关中国古代的思想文化，提高对文理知识的理解和感悟，改善我们的知识结构。追寻古代科技的发展源头和历史演变，能够帮我们更好地认识科学，掌握科学知识的意义。

第二，了解中华古代科技，可以启迪和指导我们对科技的看法。科技活动向来是人类生活中的一项重要的实践，我们可以通过了解中华古代科技，对科技产生兴趣。在了解中华古代科技的发展历程中，抓住一些共性的东西，启发我们的科学思想。并在此基础上，思考我们如何正确利用这些科学思想，将其转化为科学技术。

第三，了解中华古代科技，能够让我们以史为鉴，吸取以往的经验和教训。科学技术的发展并非一帆风顺的，它包含了科学家们无数次的失败和坚持不懈的研究，也正是因为他们的努力才有了如此灿烂的中华古代科技

成果。我们了解中华古代科技的发展，认清科学技术的本质，能够让我们在未来的科技研究中少走弯路，减少不必要的挫折。

第四，了解中华古代科技，可以调动我们投身科技事业的积极性。国家强调科学普及工作，了解中华古代科技就是响应国家的号召，在此过程中能够进一步提高科学文化素质，提高对科技研究的积极性。

正所谓"以史为镜，可以知兴衰"，学习和了解中华古代科技，领略中华古代科技成果的独特魅力，不但能够增强民族自豪感、自信心，还能培养和树立远大的理想。所以，我们有什么理由不去了解中华古代科技并感受其中的奥秘呢？

第二章

震惊世界的
四大发明

一、书写材料的革命：造纸术

我们读书、看报、写作业，都离不开纸张。那么，你们知道纸是什么时候发明出来的吗？关于它的发明又有怎样的故事呢？让我们来一起看看吧！

造纸术是中国古代四大发明之一，是促进人类文化传播的伟大发明。

在纸张发明之前，我们的祖先一般采用甲骨、竹简和绢帛等物品进行书写、记录，但是它们的缺点都很明显，甲骨和竹简很笨重，运输、批阅、书写起来都很不方便，相传秦始皇一天要阅读的奏章，最少也有一整车那么多。绢帛虽然拿起来轻便，但是它的造价成本太高了，一般的贵族都承担不起，所以不适合大众进行书写。

随着经济文化的迅速发展，到了汉代，甲骨和竹简已经不再能满足人们的要求了，他们急需"纸张革命"。而在这个时期，人们利用蚕茧做丝绵的手工业十分发达。人们在操作的时候，经常要反复捶打来捣碎蚕衣，这种处理茧的方法被称为漂絮法，后来人们在这一技术的启发下，成功发明了造纸术中的打浆。此外在中国古代，人们有用石灰水或草木灰水为丝麻脱胶的习惯，人们根据这种技术，学会了在造纸的时候为植物纤维脱胶。

在这些技术的基础上，纸诞生了。根据资料显示，在西汉初年，纸就已经面世了。

此时的纸是用麻皮纤维或者是麻类的织物制成的，因为造纸技术还不成熟，尚且处于初级阶段，所以产出的纸张不仅质地粗糙，掺杂了很多还没松散开的纤维束，而且它的表面也不平滑，不适于书写，人们只能用它来包装物品。

东汉时期，蔡伦改进了造纸术。蔡伦少年时便满腹经纶，很有才华，对冶炼、铸造、种麻、养蚕等技术都很感兴趣，后来进宫做了太监，成为汉和帝身边的常侍，经常侍奉在皇帝身边，负责传达诏令、管理文书等工作。在这个过程中，蔡伦发现，绢帛

虽然是书写的好材料，但是它的造价太贵了，只适合皇室贵族等使用，一般的百姓根本用不起，之前虽然也有纸张，但是太过粗糙，根本无法下笔。于是他决定自己尝试制作纸张。

洁白的宣纸

　　蔡伦用树皮、麻头以及敝布、旧渔网等作为原料，经过和工匠们反复试验，终于通过挫、捣、抄、烘等工艺，创造出了轻薄柔韧的纸张。由他制造出来的纸张，不但原料容易找到，还很便宜，质量也比之前的纸张要好很多。

　　蔡伦将造出的纸张献给了汉和帝，汉和帝一看，便赞不绝口，立即下令推广。于是，这种纸张开始逐渐普及，人们为了纪念蔡伦的功劳，就将这种纸起名为"蔡侯纸"。

　　蔡伦发明的造纸术，给书写材料带来了一场革命，纸张因为携带方便、取材广泛的特点推动了中国乃至全世界的文化发展和传播。如果没有造纸术，今天的我们又如何学习文化知识，如何领略书法家们笔墨精妙、雄健洒脱的大作呢？

二、知识传播的福音：印刷术

　　我们能读那么多本书，除了得益于纸张的发明，还离不开印刷术的有力支持。如果没有印刷术，我们现在看的书可能还是像古人一样的手抄本。关于四大发明中的印刷术，你们了解多少呢？

　　印刷术是中国古代劳动人民的智慧结晶，是中国古代四大发明之一，它的出现为人类文明的交流、传播创造了有利的条件。

　　在中国古代印刷术发明以前，人们为了记录事件、传播生产生活经验和知识等，将文字书写在自然物体，像石头、树叶、树皮、墙壁等上面。因为那个时候文字记载非常不方便，并且记载所需的材料也非常难得，所以古人一般只记录非常重要的事情，其余的事情通过口耳相传进行传播，这不仅局限了社会文化的发展，还阻碍了文化的传承。

后来，纸张发明出来了，文化的传播进入了下一个阶段。这个时期，人们传播知识主要靠自己手抄，这样虽然加快了文化的传播速度，但是相应的缺点也非常明显，那就是费时费力，有时还容易抄错或者漏抄，这样反而阻碍了文化的发展，还歪曲了一些著作的内容，带来了很多不必要的损失。

在唐朝时，雕版印刷术被发明出来，起初在民间流行，常用它来印刷佛像、经文、发愿文以及历书等。后来到五代之后，雕版印刷术才开始被朝廷重视，用来印刷儒家的经典著作。雕版印刷术由此开始普及。

雕版印刷术的工艺相对来说比较简单，一般选取纹路比较细密、材质比较结实的木材作为原料，再将木料锯成一定大小的模板，然后使用工具刨平，紧接着在上面把要印刷的文字或者图像刻出反写的阳文，最后再刷上墨就能进行印刷了。

雕版印刷在雕刻的时候比较耗时，但是这种工艺的制作相对简单，印出的成品字迹清晰，可以大大提高印制的效率，深受当时人们的喜爱，因此雕版印刷一直沿用到清末才逐渐消失。

除了雕版印刷术之外，北宋庆历年间的毕昇在原有印刷术的基础上，又发明了活字印刷术，进一步提高了印刷的效率。毕昇使用胶泥制作成字，一个字为一个印模，然后用火将其烧成陶质。对书籍文字进行排版的时候，先准备一块铁板，然后在上面铺上松香、蜡、纸灰等物质的混合物，接着在铁板四周围上一个铁框，在框内摆满要印的字。等摆满之后，再用火进行烘烤，使混合物和活字块结为一体，趁热用平板在活字上面一压，字面就会变得平整，这样就可以进行印刷了。

采用这种方法，印刷的效率又提高了不少，甚至可以用两块铁板交替使用，这样效率会更高。尤其是一些常用字，可以多制作几个印模，避免重复使用时不够用。

虽然毕昇的活字印刷术非常棒，但是在当时并没有受到统治者的重视，没能得到大范围的推广。不过，好在他发明的活字印刷术在民间流传下来了。

随着中国印刷术流传到海外，很多国家开始使用，大大推动了文明的发展和交流。不管从哪个方面来看，我们国家的印刷术都是人类文明史上一枚无法磨灭的闪耀的光辉勋章。

　　我们今天能够看到各式各样的书籍，学习到这么多的
文化和知识，都离不开印刷术的功劳，我们要更加珍惜现
在的幸福生活，珍惜当下！

三、冷兵器的终结者：火药

火药是中国古代四大发明之一，是人类历史上一项非常重要的科技成就，它的杀伤力和震撼力震惊世人，促进了冷兵器时代的终结。今天就让我们一起去看一看这神奇的火药吧！

火药诞生的时间大概在距今一千多年前的隋唐时期，那时很多人都抱有长生不老的期望，因此他们大肆炼制丹药，由此诞生了很多的炼丹家。尽管他们炼丹的目的很可笑，但是这看起来十分荒谬的举动，却无意中创造出了对后世产生重大影响的火药。

在《太平广记》中记录了这样一个故事：隋朝初年，一个叫杜春子的人去拜访当时的一位炼丹老人，因为聊到很晚，就在此借住。当晚夜半时分，杜春子忽然惊醒，只见炼丹炉内浓浓紫烟直冲屋顶，不到片刻，房子便烧起来了。后来，人们猜测这可能是炼丹家配置易燃药物的时候，因为疏忽而引起了火灾。

在《真元妙道要略》中也提到，在炼丹的时候，使用硫黄、硝石、雄黄和蜜会导致失火的事情，书中再三告诫炼丹者要注意此类的事情，他们称这种极其容易燃烧的药为"着火的药"，这就是火药的雏形。

据《本草纲目》记载，火药既能治疗疮癣、杀虫，还能避湿气、除瘟疫。它对于长生不老没有帮助，炼丹家们很快就对火药失去了兴趣。辗转之下，火药的配方到了军事家手中，他们透过这张小小的配方，看到了辉煌的火器时代的到来。由此，中国古代四大发明之一的黑火药正式诞生。

军事家们将硝、硫、碳三种物质合烧产生爆炸的原理运用到了武器制作和战争中，发明了一种叫火箭的武器。这种火箭和我们现在理解的火箭可不一样，唐代的火箭是在箭头上绑上一些松香、油脂、硫黄之类的易燃物质，点燃后用弓箭射出去，用来烧毁敌人阵地的一种武器。

古代的火铳

到了两宋时期，火器的发展更加迅速，出现了世界上最早的喷射性火器，在箭杆的前端绑上火药筒，点燃之后利用火药燃烧向后喷出的气体的反作用力将箭矢射出去。后来，陆陆续续又制作出火球、火蒺藜等火器。火药武器在战场中的出现，给军事带来了一系列变革，也推动了武器和战争向前进一步发展。

到了13世纪，火药传入了印度和阿拉伯地区，随后又传入欧洲。欧洲人掌握了制造火药和火药武器的技术后，不仅改变了当时的作战方法，还促使世界政治关系发生了改变。资本主义迅速发展，他们带着精锐的火炮扬帆出航，征服新的殖民地。

而与此同时，因为中国古代人对于火药认识的局限性，更多地将其应用到了娱乐活动中，制作出了像烟花等物品，缺少对火药和火器的研究和改进，导致在火药及火器的利用方面逐渐落后于西方国家。

但不管怎么说，火药的发明无疑对世界产生了巨大的作用，它推动了世界历史的进程。

四、再也不怕迷路了：指南针

　　我们如果在森林、荒漠、海上等处迷路了，怎么办呢？没关系，别担心，我们的祖先在很久很久之前就创造出了指南针，它可以帮我们辨别方向。今天就让我们一起来了解指南针吧！

　　指南针是中国古代四大发明之一，也称指北针，关于它的记录最早出现在战国时期。在中国历史的发展过程中，指南针经历了由司南逐步向指南针转化的过程，这充分显示了中国古代劳动人民在生产生活实践中对物体磁性的认识过程。

　　在先秦典籍《韩非子·有

现代复原的古代司南

度》篇中就有这样的记载："先王立司南以端朝夕。"这里的"端朝夕"指的就是判断东西方向。在东汉王充的《论衡·是应》篇中有这样一句话："司南之杓，投之于地，其柢指南。"这里的"司南之杓"指的就是用天然的磁石打磨而成的磁勺，"地"指的是一种标有二十四个方位的地盘，而"柢"是指勺柄。整句话的意思是：当把制作好的磁勺放在地盘上，它就会受到磁场的影响，勺柄指向南方。虽然这种方法可以用来辨别方向，但是有明显的缺点：天然磁铁的雕磨非常难，而且在这个过程中还很容易造成失磁。所以，用司南辨认方向的方法并没有得到推广。

到了唐宋时期，人们发明了人工磁化的方法，指南针因此诞生了。

唐代的时候，堪舆活动非常活跃，对方向的选择很严格，因此寻找比磁勺更加方便的指南工具成为首要任务，由此指南铁鱼以及水浮磁针应运而生。人们将铁针与磁铁相互摩擦，使铁针磁化，然后制成指南针，这就是水浮磁针。

北宋科学家沈括在《梦溪笔谈》中记载了指南针的四种装置方式：第一种，让磁针横贯灯芯草，然后让它浮在水面上；第二种，将磁针放在碗唇上；第三种，将磁针放在指甲上；第四种，将丝线拴在磁针的中心位置，然后悬挂起来。此时的人们已经发现了地球的磁偏角。

后来，随着时代的发展，指南针的制作方式也发生了变化，人们在地盘的中心挖一个圆洞，然后在里面盛上水，将横贯灯芯草的磁针放进去，使之成为水罗盘。在明代之前，一般使用的都是这种水罗盘指南针。

指南针的发明大大推动了中国古代航海事业的发展。在很久以前，我们的祖先就已经开始了海上活动，秦始皇时期徐福带领童男童女远赴日本就拉开了大规模远航的序幕。汉唐时期，我们国家的商船已经活跃在太平洋和印度洋上了，与多个国家有了频繁的商贸往来。指南针发明之前，人们只能通过观察日月星辰的变化来辨别方向，这种方法具有极大的不确定性，因为一旦遇上阴天下雨，大海上乌云密布，根本看不清日月星辰，此时就只能随波逐流，等到天气转好，再重新辨别方向前行。

指南针的发明解决了这一问题，为航海出行者提供了强有力的方向指导。

12 世纪下半叶，我国的指南针由阿拉伯传入欧洲。欧洲人在使用的过程中，对指南针进行了改进，制作出了有固定支点的旱罗盘，和我们现在用的相似。到 16 世纪下半叶，旱罗盘从欧洲传入中国，取代了水罗盘。

指南针的发明引起了世界航海技术的重大变革，为人类的航海事业开创了一个新纪元，为世界的文明和发展做出了重大贡献。

第三章

数学篇

一、中国最早的计量单位：度量衡的出现

在现代生活中，我们会遇到如何计算物体的长短、面积、容量和轻重等，但是你们知道古人又是怎样进行计算的吗？古代的计量单位换算到今天又是多少呢？带着这些疑问，让我们一起来学习吧！

在中国古代，人们将日常生活中用于计量物体长短、容积、体重的物体总称为度量衡。度是指计量长短用的器具，量是指测量计算容积用的器皿，衡是指测量物体轻重的工具。

度量衡大约出现在原始社会末期，度量衡单位在最初的时候是和人体有关的，比如"布手知尺，布指知寸""一手之盛谓之溢，两手谓之掬"，但是人和人肯定是有差异的，因此这时的度量衡单位并不固定。后来，人们又想出了以名人作为标准进行单位的统一的方法，在《史

记・夏本纪》中记载了以大禹"身为度，称以出"作为度量横标准。

我们在出土的文物中发现了很多早期的量器，比如，考古学家在距今五千年前的大地湾仰韶文化晚期的遗址中发现了一组陶质量具，这是迄今为止，我们国家发现的最早的量器。除此之外，在同一墓葬中，考古学家还发现了泥质的槽状条形盘、单环耳箕形抄、带盖四把深腹罐等，还有一些骨匕和铲形器上面有着等距离的圆点钻窝，专家认定它们是古人测定东西长宽尺度的工具。这些量器的发现是我国早期"度、量、衡"器具的实物佐证。

在商代一些遗址中，出土了骨尺，其长度约为 16 厘米，尺子上有十进位的刻度线，它反映了当时度量衡的存在。

春秋战国时期，群雄争霸，各个诸侯国都有自己的度量衡，一度非常混乱。秦始皇统一六国后，统一度量衡，推行"一法度衡石丈尺，车同轨，书同文"，即车同轨、书同文、钱同币、币同形、度同尺、权同衡、行同伦、一法度。自此一套严格的度量衡管理制度被确立了下来。

此后的各个朝代都遵守此度量衡管理制度，并根据实际情况稍做调整。到了清代康熙年间，清廷开始规定以金、银等贵金属作为重量的标准，但是后来发现金属的纯度不高会影响标准的精准度，所以改用 1 升纯净水作为重量的标准。这种利用重量确定度量衡单位的方法在当时世界上具有领先地位。

中华人民共和国成立之后，我们国家采取国际单位制，同时选取一些非国际单位制的单位作为中华人民共和国的法定计量单位。

春秋战国时期的量器

那么，具体的单位换算有哪些呢？下面我们举了几个常见的换算：

第一是古代的质量单位。1大引（明制）=400 斤，1 小引（明制）=200 斤，1 钧 =30 斤，1 石 =4 钧 =120 斤。

第二是市制单位。1 里 =15 引，1 引 =10 丈，1 丈 =10 尺，1 尺 =10 寸，1 寸 =10 分，1 分 =10 厘，1 厘 =10 毫，1 毫 =10 丝。

第三是面积单位。1 平方里 =225 平方引，1 平方引 =100 平方丈，1 平方丈 =100 平方尺，1 平方尺 =100 平方寸，1 平方寸 =100 平方分。

第四是土地面积单位。1 顷 =100 亩，1 公顷 =15 亩，

1 亩 =10 分，1 分 =10 厘，1 厘 =10 毫。

第五是容量单位。1 石 =10 斗，1 斗 =10 升，1 升 =10 合 =1 升（公制），1 合 =10 勺，1 勺 =10 撮。

二、古代数学专著:《九章算术》

数学作为中国古代四大自然科学门类之一,有不少专门的著作,其中《九章算术》是《算经十书》中的一本,其地位非同一般。今天,我们就一起来了解一下它的内容吧!

《九章算术》是我国古代的一本综合性的数学著作,它的内容十分丰富,书中总结了从战国到秦汉时期所有的数学成就,是当时世界上最简练有效的应用数学,它的出现标志着中国古代数学体系的形成。

《九章算术》的成书,并不是由一人于一时完成的,而是经过几代人不断地总结、修改、补

充才完成的。它最晚在东汉前期就已经成书了，而它的基本内容则最迟在西汉后期就已经基本确定。

《九章算术》的"九章"就是将所有的数学内容和问题分为九大类，书中共有二百四十六个数学问题和解答方法，这种形式和中小学生做的数学习题册有点类似。原书中是有插图的，但是目前传下来的版本基本上只剩下文字了。

《九章算术》共分为九章，每章内容都不相同。

第一章"方田"：主要讲述平面几何图形面积的计算方法，其中包括了长方形、等腰三角形、直角梯形、等腰梯形、圆形、扇形、弓形、圆环这八种图形的面积计算方法。除此之外，还非常详细地讲述了分数的四则运算法则，以及求分子分母的最大公约数等算法。

第二章"粟米"：主要讲述了谷物如何按比例进行折换，书中还提出了比例算法，称为今有术。

第三章"衰分"：主要讲述的是和比例分配有关的内容。

第四章"少广"：主要讲述的是已知面积和体积，反求其中一边长和径长等内容，此外还介绍了开平方和开立方的方法。

第五章"商功"：主要介绍了土石工程以及体积的计

算方法，并且在给出各种立体体积计算的公式之外，还介绍了工程分配的方法。

第六章"均输"：主要讲述了如何合理摊派赋税、如何利用衰分术解决赋役的合理负担问题。此外，还有今有术、衰分术及其应用方法，构成了包括今天正、反比例，比例分配，复比例，连锁比例在内的整套比例理论。这种方法在当时是非常先进的，西方到 15 世纪末才有类似的全套方法。

第七章"盈不足"：主要讲述双设法问题，书中提出了盈不足、盈适足和不足适足、两盈和两不足三种类型的盈亏问题，以及多个可以通过两次假设化为盈不足问题的一般问题的解法。这一问题和解决方法也是完全领先于世界水平的成果，传入西方之后，产生了广泛影响。

第八章"方程"：主要集中讲述了一次方程组的问题，采用分离系数的方法表示线性方程组，相当于现在的矩阵；解线性方程组时使用的直除法，与矩阵的初等变换一致。这是世界上最早的、完整的线性方程组的解法。

第九章"勾股"：主要讲述了如何利用勾股定理求解各种问题，书中举的例子绝大多数都与当时的社会生活密切相关。书中还提出了勾股数问题的通解公式：若 a、b、c 分别是勾股形的勾、股、弦，则 $a^2+b^2=c^2$。西方得到同样的公式，比《九章算术》晚了将近 3 个世纪。

　　总的来说，《九章算术》基本奠定了中国古代数学的框架，它以计算为中心，密切联系生活，着力于解决人们生产、生活中遇到的数学问题，推动了中国数学的发展。《九章算术》流传到海外后，对世界数学的发展产生了很大影响。

　　学习完这些，你们是不是也对这本古代的数学著作产生了兴趣呢？如果感兴趣不妨找来看看，说不定能为你们的学习和工作打开新思路呢！

三、计算器的老祖宗：算盘和算筹

当我们遇到复杂的算数的时候，第一时间就会想到使用计算器。你们知道在中国古代，人们遇到大量的数学运算时会使用什么工具吗？

数学是一门我们从小便开始学习的学科，其中会涉及很多复杂的运算，有时候成百上千的数字要进行加减乘除运算，我们可以借助计算器来计算。那么，大家知道世界上的第一个计算器是什么吗？

一次，一个中国代表团访问西德的一所学校，校方带领客人们参观完现场的现代化电子计算机之后，又对着墙上的一幅挂画介绍道："这便是世界上第一个计算器。"在场的中国代表们定睛一看，这不就是我们中国的算盘吗？这样论资排辈算下来，那算盘可不就成了计算器的"老祖宗"嘛。

那这"老祖宗"是什么时候出现的呢？从严格意义上

来说，算盘的"出生日期"并不明确，我们只能根据资料进行推算。

最早在汉代的时候，人们发明了"算板"，将 10 个算珠串成一组，一组组排列好然后放到框内，然后迅速拨动算珠进行计算。"珠算"这个词第一次出现在文献典籍中是在东汉时期徐岳编撰的《数术记遗》中，"珠算控带四时，经纬三才"，后人还对此做了注释，意思是"将木板刻为三个部分，上下两部分是来停游珠的，中间部分是做定位用的。每位上各有 5 颗珠子，上面一颗珠子和下面的四颗珠子用颜色进行区分，称之为档。上面一个珠子为 5，下面每个珠子为 1"。

中国古代还有一种类似小木棍的算数用具，这就是"算筹"，利用算筹进行计算则叫"筹算"。计算的时候，人们将算筹或横或竖摆在物体上进行算数，原理和算盘的相似。

后来，经过人们改进的算盘就和我们现代的算盘基本一致了，长方形木框中嵌有细杆，杆上有串好的算珠，算珠可以沿着细杆上下拨动，人们用手拨动算珠完成计算。

在北宋著名画家张择端的《清明上河图》中，左侧画中的赵太丞药店的柜台上就放着一把算盘。由此我们推测在宋朝时期，民间已经开始普遍使用算盘了。

元代算盘的使用更加普及，上到皇室贵族，下到黎民百姓都使用算盘。到了明代，算盘已经完全取代了算筹。随着算盘的广泛应用，《盘珠算法》《数学通轨》《直指算法统宗》等指导珠算的书籍也应运而生。

算盘制作简单，价格便宜，口诀方便记忆，运算简单，被先后传到了日本、朝鲜、美国和东南亚一些国家和地区，受到人们广泛的欢迎和赞叹。英国皇家学会会员、著名的化学家李约瑟博士就曾赞美过中国的算盘，称它可以和中国的四大发明相提并论，完全可以成为中国的第五大发明。

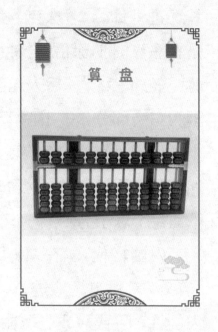

即便现在已经进入了电子计算机的时代，但是我们国家古老的算盘仍然发挥着重要的作用，在中国的各行各业都有一批非常厉害的算盘高手。在学生的数学学习中，珠算也是必不可少的学习内容，它除了能够帮助我们运算之外，还能够锻炼我们的思维能力，让我们的脑、眼、手密切配合。

四、祖冲之和他的圆周率

"3.1415926……" 你们对这一串数字熟悉吗？没错，这就是我们常说的圆周率。大家有没有和朋友比赛背圆周率的经历呢？想必很多人有这个十分难忘的经历吧。但是背了圆周率，大家对它又了解多少呢？

圆周率是数学中非常重要的常数之一，它是指圆的周长和直径比值的数学常数，一般用希腊字母 π 表示。它是计算圆的周长、圆的面积以及球的体积的关键数值。圆周率不仅在数学中经常用到，在生产实践的各个领域中也经常会用到。

祖冲之

关于圆周率的计算，从古至今都是中外的数学家们关注的重点。古希腊著名的数学家阿基米德就曾经计算过圆周率，他成功地算出了圆周率前两位小数的精确数值。

当然除了国外，我们国家的数学家也从很早就开始研究圆周率了。在西汉时期的数学著作《周髀算经》中，已经出现了"周三径一"的说法，那时人们认为圆周率就是 3。但是，到了西汉末年，数学家刘歆对圆周率进行了进一步的计算，得出了圆周率值为 3.1547。东汉时期，张衡则推算出圆周率值为 3.162。

三国时期的数学家刘徽采用割圆术的方法，经过层层验算，最终求出圆周率值为 3.14，这无疑是中国古代关于圆周率研究的一个重大进步。

后来，南北朝时期的数学大家——祖冲之出现了，他为中国古代的数学界，尤其是圆周率方面的研究带来了新的曙光！

祖冲之，字文远，是中国南北朝时期非常杰出的数学家和天文学家。他出生于一个士大夫家庭，从小便受到了良好的家庭教育，耳濡目染之下，他对数学产生了浓厚的兴趣。他从小便"专功数术，搜烁古今"，将从上古到他生活时代的各种数学文献资料全部搜罗到一起进行学习和研究，并且时刻跳脱出陈旧腐朽的结论，重新进行精密的测量和推算。由于他的博学多才，他被调任到了朝廷的最高研究机构，接触了更多的国家藏书，为他测算出圆周率提供了先决条件。

一天，祖冲之得到了一本刘徽作注的《九章算术》，如获至宝的他每每下朝之后，便躲起来专心研究。受到刘徽的启发，祖冲之开始了自己对圆周率的计算工作。古代可没有像现代这样先进的计算器，他只能使用算筹之类的辅助工具。祖冲之通过这些简单的辅助工具不断地进行测算，从 12 边形、24 边形、48 边形、96 边形……一直算到了 12288 边形。

经过不懈努力，他终于算出了比较精确的圆周率：它在 3.1415926 和 3.1415927 之间。这个数据在当时的世界是最为精准的，它直接将圆周率小数点后的数字精确到了第七位。也正因为这个贡献，他被世界纪录协会列为世界上第一个将圆周率值计算到小数第七位的科学家。

祖冲之对圆周率的精确计算，不仅对中国，甚至对全世界来说都是一个非常大的贡献。如此看来，中国古人的智慧真是不可小觑，即便只是用小小的算筹，也能算出如此精确的数据。

第四章

天文地理篇

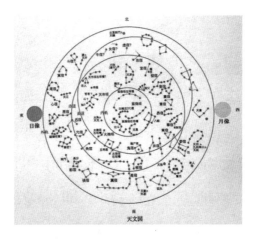

一、古人的宇宙观：盖天说、浑天说和宣夜说

宇宙浩瀚无垠，充满了未知的神秘，我们可以通过先进的科学技术对宇宙进行观测和了解。那么，你们知道古人眼中的宇宙是什么样的吗？

我们都知道，地球只是茫茫宇宙中的一个行星，但是这一科学常识，古人是不知道的，他们认为天是圆穹形的，地是平坦的四方大棋盘，并且臆测出大棋盘的每个边长为81万里，天地之间的距离为8万里，由此产生了"天圆地方"的说法，即古老的"盖天说"。它是中国古代最早形成的宇宙结构学说，对周代以后的古人对宇宙的看法有很深远的影响。

后来，随着生产力的发展，人们对世界的认识水平逐渐有所提高，并开始意识到"盖天说"的局限性。到了公元前6世纪，古人对"盖天说"进行了修改，他们认为天

地之间并不交接，天像是一把大的伞，笼罩在大地之上，天地之间有 8 根巨大的柱子支撑着天，而在柱子的顶端和伞的边缘上有无数的绳子连接它们。天地就成了一个有着 8 根柱子的圆顶凉亭。虽然这种新修改的"盖天说"还是很难让人信服，但是这无疑是古人对宇宙结构认识阶段水平的进步，具有一定的历史意义。

除了"盖天说"之外，古人还创造了"浑天说"。浑天就是指天是浑圆的，这个理论萌芽于战国时期。公元前 4 世纪，思想家慎到便提出自己的看法：天不是半球形的，而是整个球形的。与他有同样理论的惠施则认为不仅天是球形的，大地也是球形的，只要我们一直朝南走，那么就会周而复始，无穷无尽。

在他们的学说的影响下，汉武帝时期，浑天仪被制作出来了，它是用来显示天象的，这是目前已知的最早的浑天仪。后来，人们又对浑天说进行了丰富和总结，其中以东汉天文学家张衡的贡献最大。张衡对浑天说进行了全面的总结，从而使浑天说这种宇宙结构体系受到更多人的理解和支持。不仅如此，他还在理论的基础上，制作出了"水运浑天仪"，用此来表述他的浑天思想。

"浑天说"宇宙理论比"盖天说"有了更大的进步，至少它认识到地球是圆形的，并且还能解释日食、月食等现象，并且可以准确预知日食、月食的时间。因为它的进步性，使它很快被后世的天文学家们接受，成为中国传统文化中影响非常深远的宇宙理论。

但是，"浑天说"也有一定的不足，比如，它将地球看作是天地的中心，是具有局限性的。

中国古代的宇宙学说还有一种是"宣夜说"。宣夜说认为，天是没有固定的形体的，不管是日月还是星辰都是飘浮在空中的气，它们是一种气的积聚。这种说法打破了古人一直以来与天有关的形质观念，向人们展现了宇宙的无限可能，在古代那种相对比较封闭的环境中，这一说法无疑具有划时代的意义。因为受当时环境的影响，这种开明进步的宇宙观念，在很长一段时间内都没有引起人们足够的重视。

"宣夜说"在人类天文史上留下了浓墨重彩的一笔，虽然受到条件限制并没有得到发展，但是它的科学价值并不能被否认。

从古至今，人们对宇宙探索的脚步一直不曾停歇，从盖天说、浑天说到宣夜说，展示了人们科学思想的进步。我们也应当向古人学习，好好学习天文知识。尤其是学生们，学好天文知识，争取长大后能够对神秘的宇宙进行深入的探索和发现！

二、古代计时器：日晷与漏壶

现在我们的家里都有钟表，每天起床、吃饭、睡觉都和时间相关，如果没有钟表计时，那么我们的一天就会变得非常混乱。你们知道在遥远的古代，那时没有钟表，古人是如何计时的吗？

在中国古代，人们没有钟表，他们是靠什么来计时的呢？其实古人有他们独特的计时器——日晷（guǐ）。

日晷是一种利用太阳的位置投下的影子测报时间的装置，它是人类在天文计时领域的重大发明之一。

在古代，人们发现被太阳照射的事物投下的影子的长短和方向会随着太阳位置的变化而不断改变：早晨的时候影子最长，随着时间推移，影子越来越短，在中午之后又会重新变长；早晨的影子在西边，中午影子在北边，而傍晚影子则在东边。由此，古人利用这个规律制作出了以影子的方位进行计时的日晷。

日晷由铜制的指针和石制的圆盘组成，铜制的指针称为晷针，它垂直穿过圆盘中心，起着圭表中立竿的作用。石制的圆盘称为晷面，一般被放置在石台之上，南高北低设置。在晷面上有刻度，分为子、丑、寅、卯、辰、巳、午、未、申、酉、戌、亥十二时辰，每个时辰又等分为"时初""时正"，正好对应一天的 24 小时。

大家仔细观察一下日晷的整体造型，是不是觉得很眼熟？没错，它的造型和我们现代的钟表相似，晷针投放下来的影子就像是现代钟表的指针。

早晨的时候，晷针的影子正好投向盘面的西方，在卯时附近；在正中午的时候，太阳升到最高点，晷针的影子正好处于正下方，处于午时；而在午后，太阳逐渐向西边移动，影子逐渐东斜，然后慢慢依次指向未、申、西等时辰。

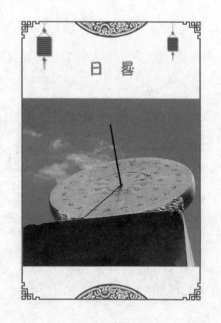

人们借用日晷来判断时间，这种计时方法自周朝起便一直被人们沿用，传承几千年。

日晷虽然使用非常方便，报时也很准确，但是它的缺点也很明显，一是它很笨重不能轻易移动；二来它受太阳光的制约非常严重，在阴天或者是晚上的时候，就没有了用武之地。

除了日晷之外，古人还创造出一种利用滴水、沙子来进行计时的工具，那就是漏壶。根据漏壶中流动的东西不同，可分为两种：水漏和沙漏。一般水漏是通过水的增减来计量时间的，而沙漏则是通过判断沙子的增减量或者是沙子推动齿轮组，使指南针在时刻盘转动来计量时间的。

除此之外，根据计时方法的不同，漏壶又可分为箭漏和秤漏两种。箭漏是通过水的刻度来计量时间，在漏壶中插入一根箭，箭下用一只箭舟托着，浮在水面上的是泄水型的漏壶，即沉箭漏；而随着水流出或者流入壶中，使箭上升或者下沉，以此指示时刻的，就是受水型的漏壶，即浮箭漏。秤漏是以滴水的重量来计量时间的漏壶，一般由漏壶和量秤两个部分组成，秤被吊起，然后将受水壶挂在秤钩上。

没想到古人计量时间要这么麻烦，好在我们现在的科技水平提高了，可以有多种手段方便快捷地计时。

三、最早的天文学著作：《甘石星经》

　　我们前面已经介绍了一些中国古代的天文学知识，那么你们知道中国古代有哪些天文学著作吗？《甘石星经》是我国的最早的天文学著作，我们来一起了解一下吧！

　　在春秋战国时期，天文学发展非常迅速，这一时期涌现出一大批天文学专著和天文观测记录。其中，人们将齐国天文学家甘德编撰的《天文星占》八卷和魏国天文学家石申编著的《天文》八卷，合为一部著作，取名为《甘石星经》。

　　《甘石星经》中详细记载了五大行星的运行情况以及它们出

没的规律。书中还记载了八百多个恒星的名字，并对它们的星官进行了划分，这种划分体系对后世有着深远影响。甘德曾经用肉眼观察到木星的卫星，这比 1609 年意大利天文学家伽利略用天文望远镜发现木星的卫星要早两千年左右。

除了这些内容之外，书中还提及了关于日食、月食是天体相互掩食的现象，这在古代无疑是具有很重大的意义的。后来人们为了纪念石申的发现，还在月球上用石申的名字命名了一座环形山。

可惜《甘石星经》在宋代就已经失传了，只在唐代的《开元占经》中保留了一些片段，晁公武的《郡斋读书志》中也保存了一些梗概。

《甘石星经》是中华民族引以为傲的天文学著作之一，其影响非常深远，后世很多天文学家在测量日、月、行星的位置和运动的过程中，都会用到《甘石星经》中的数据。它不但反映了战国时期天文学的成就，还代表着世界上最成熟的恒星和五行星的观测记录。

古代天文图

　　我们对于《甘石星经》的内容可能很陌生，甚至对里面所讲的五大行星运行规律等内容都不是很了解，但是这并不影响我们对神秘宇宙的好奇和想象。希望未来有一天，每个普通人都可以登上宇宙，漫步太空。

四、古人耕作的晴雨表：二十四节气

"春雨惊春清谷天，夏满芒夏暑相连。秋处露秋寒霜降，冬雪雪冬小大寒……"这首《二十四节气歌》精准反映了季节的变化，它与中国古代的农业生产有着密切的联系，是中国历法的一部分。我们一起来了解一下！

作为古代人民智慧的结晶，二十四节气是干支历中表示季节、物候、气候变化以及确立"十二月建"的特定节令，在古代常用来指导农民进行农事生产。

第一次出现有关二十四节气的文字记载是在西汉初年成书的《淮南子·天文训》中，他们以冬至作为二十四节气的起点，将这一冬至日到下一冬至日的时间分为二十四等分，每个节气的时间相等，大约为十五天。

二十四节气反映了太阳周年运动，所以节气在现行的公历中日期比较固定，前后相差不过一到二日。二十四节气的相交时间是天体运动的自然结果，它概括了一年四季交替的准确时间和大自然中的物候、气候、日照、降雨、气温等的变化规律。

春季的节气有立春、雨水、惊蛰、春分、清明、谷雨；夏季的节气有立夏、小满、芒种、夏至、小暑、大暑；秋季的节气有立秋、处暑、白露、秋分、寒露、霜降；冬季的节气有立冬、小雪、大雪、冬至、小寒、大寒。

古人根据不同的节气，进行不同的生产生活活动，下面选取部分进行介绍。

立春，在古代也称正月节、立春节、岁首等，它代表着万物起始。在我们古代的农业社会中，人们对立春非常重视，经常会举办一些重大的活动，如拜神祭祖、祈年、迎春以及农耕庆典等。

雨水，这个时候雨水增多，正是种植果树的好时节，农民在这时会栽种果树；惊蛰气温上升，万物复苏，"冬眠"的蛇虫鼠蚁开始苏醒，人们会用清香和艾草进行驱赶；谷雨时，雨水颇多，有利于谷类作物的生长。

立夏是夏天的开始，雷雨增多，农作物开始快速增长；小满时北方农作物的籽粒开始灌浆饱满，但还未成熟；芒种是适合晚稻等作物耕播的节令，是一年中农业种植的分界线，过了这一节气，农作物的成活率会降低；小暑天气炎热、雨水充足，农作物进入茁壮成长阶段；大暑时阳光猛烈，潮湿多雨，但是对农作物生长十分有利。

从立秋开始，天气逐渐转凉，开始进入收获的季节，这个时期大量农作物生长成熟。这时秋高气爽，人们喜欢进行登高望远、赏菊等活动。在秋分时，古人还有"祭月"的习俗。

从立冬开始，农民享受丰收并休养生息，很多人家开始加工腊肉、腌制食物，为过年做准备。过年之后，节气又进入新一轮的"循环"。

二十四节气是我国农耕文明的产物，在我国传统的农耕文化中占有重要的地位，它是指导农业生产的晴雨表，是日常生活中人们预知冷暖雪雨的"天气预报"。我们加深对二十四节气的了解，可以品味到中华传统文化的内涵。

五、科圣：天文地理学家张衡

我们前面提到了张衡是浑天说的集大成者，殊不知他的成就远不止于此，今天就让我们一起来了解张衡的人生经历和科学成就吧！

张衡，字平子，南阳西鄂（今河南省南阳市）人，东汉时期著名的天文学家、数学家、发明家、地理学家、文学家。他出生于世家大族，祖父张堪志存高远，一生身体力行，曾讨伐反贼、抵御匈奴、教民耕种，立下无数功劳。受到家庭环境的影响，张衡从小就刻苦学习，少年时便非常会作文章。张衡贯通六艺，喜欢研究数学、天文、地理和机械制造等。张衡一直如饥似渴地汲取着相关的知识，因此他在多个领域都创造出了非常高的成就。

张衡为官时曾两次担任掌管天文的太史令，因此他在天文学方面的贡献最突出，除了前面提到的他主张的浑天说外，他还创造了一个比之前都精确全面的浑天仪。

张衡的浑天仪主体是由几层均可运转的圆圈组成的，最外层圆圈的周长为一丈四尺六寸。各层分别刻着内、外规，南极、北极、黄道、赤道、二十四节气、二十八星宿，还有"中""外"星辰和日、月、五纬等天象。浑天仪上有两个漏壶，其底部有孔，滴水推动圆圈按刻度慢慢转动。

此外，张衡在数学方面也有贡献。他曾经写过一部《算罔论》，对立方体定名为质，给球体定名为浑，然后在研究球的外切立方体积和内接立方体积时，将圆周率值定为十的开方，这个数值虽然有些粗略，但却是中国第一个由理论求得的圆周率值。

在地理方面，张衡发明了历史上最早检测地震的仪器——地动仪，并根据自己的考察心得绘制过一幅地形图，该图一直到唐朝还被沿用。

张衡对机械很有研究，曾经利用机械原理和齿轮传动作用制作出了指南车。指南车是由一辆双轮独辕车组成，车厢内有一种能够自动离合的齿轮系统，在车厢上层放置一个木头刻的仙人人像。推车子朝向任务方向行进时，木头仙人的手臂一直都指向南方。张衡还制造出了计里鼓车，这是用来计量里程的机械，这里面所用的差速齿轮原理比西方早了一千八百多年。他还曾经制作过独飞木雕，模仿鸟类在高空中飞翔。后人为了肯定张衡的科学研究成果，称他为"科圣"。

张衡刻苦钻研、精益求精的科学精神，非常值得我们学习和纪念。我们要以张衡为榜样，努力学习、工作，时刻保持一颗谦虚谨慎的赤子之心，这样才能进步，为中国的科技发展贡献自己的一份力量。

六、中国古代最系统的地理著作：《水经注》

《水经注》是中国古代最全面、最系统的综合性地理著作，里面大量的文献资料对于研究我国古代的历史和地理提供了帮助，今天就让我们一起去了解一下这部地理著作吧！

《水经注》是中国古代的地理名著，共有四十卷，是由北魏晚期的地理学家郦道元所著，因注《水经》而得名。《水经注》看似为《水经》做注，但是实际是以《水经》为大纲进行的地理考察记录。全书有 30 多万字，书中详细记载了 1000 多条大小河流以及相关的历史遗迹、人物典故、神话传说、渔歌民谣、碑刻等，是中国古代最全面、最系统的地理著作。

《水经注》中对地理知识的介绍，可以分为三大类：自然地理、人文地理以及学科资料。下面，我们来做一一介绍。

一、自然地理方面。《水经注》中记载了大小河流1252条，对河流的各个方面都进行了非常详细的记载，从河流的发源到入海、干流、支流、河谷的跨度、河床的深度、水量和水位的季节变化，河流的含沙量、冰期以及沿河所经过的伏流、瀑布、急流、滩濑、湖泊等均有记载。关于湖泊、沼泽的记载有500多处，泉水和井有近300处，伏流30余处，瀑布60多处。

此外书中还详细记载了各种地貌，如山、岳、峰、岭、坂、冈、丘、阜、崮、障、峰、矶、原等高地，川、野、沃野、平川、平原、原隰等低地。其中，记载了喀斯特地貌的洞穴70多处。郦道元在书中还记载了140多种植物品种、100多种动物，还记载了水灾、旱灾、地震、蝗灾等自然灾害。

郦道元与《水经注》

二、人文地理方面。《水经注》中记载的一些行政区建置将正史地理志中的一些遗漏补全。书中共记载了县级城市和其他城邑 2800 座，古都 180 座，还有一些镇、乡、亭、里、聚、村、墟、戍、坞、堡等小于城邑的聚落，甚至一些国外的城市都有记载。

在经济地理方面，书中记载了很多农田水利的资料，如坡湖、堤、塘、堰、竭、坨、水门、石逗、屯田、耕作制度等，这对我们研究中国古代的农业和水利提供了真实的史料。

在交通地理方面，书中还记载了水运和陆运交通等情况，仅记录的桥梁就有 100 座左右。

在手工业生产方面，书中还记载了采矿、冶金、机器、纺织、造币、食品等内容，尤其对于金、银、铜、铁、汞等金属矿产，雄黄、盐、硫黄、石墨、玉等非金属矿物，以及煤炭、石油等能源矿物的记载十分详细。

在军事地理方面，书中以从古至今、大大小小上百场战役为例，详细阐述了作战中地形的重要性。

三、学科资料方面。《水经注》中也记载了很多学科方面的资料。比如书中记载了大约 2 万个地名、30 多处中外古塔、120 多处宫殿、260 多处陵墓、26 处寺院等。

《水经注》的内容特别丰富，其蕴含的价值非常高，对后世的影响很深远。无论是研究历史学、考古学、地理学、水利学，还是研究民族学、艺术等，本书都有很高的参考价值。

　　大家如果对中国古代的山川河流、人物古迹等感兴趣的话，不妨也看看《水经注》这本书吧！感受一下地理学家郦道元字里行间中描绘的祖国大好河山！

七、中国科学史上的里程碑：《梦溪笔谈》

很多家长为了开拓子女的眼界，给他们准备了各式各样的百科全书，方便他们了解世界。那么，古代人是怎么了解世界的呢？其实，古代也有百科全书式的著作，它就是沈括的《梦溪笔谈》。今天就让我们一起看看吧！

《梦溪笔谈》是由北宋著名的科学家、政治家沈括撰写的综合性笔记体著作，因其价值之高，被英国科学史专家李约瑟称为"中国科学史上的里程碑"。

《梦溪笔谈》主要分为《笔谈》《补笔谈》《续笔谈》三部分，这里面记载了沈括一生的所见所闻所感。其中《笔谈》有二十六卷，共包含十七门类的内容，依次为"故事（一、二）、辩证（一、二）、乐律（一、二）、象数（一、二）、人事（一、二）、官政（一、二）、机智、艺文（一、二、三）、书画、技艺、器用、神奇、异事、谬误、讥谑、杂志（一、二、三）、药议"；《补笔谈》分为三卷，包含了十一门类的内容；《续笔谈》只有一卷，并不分门类。

书中的内容涉及天文、历法、地理、物理、生物、化学、水利等多个领域，其中有超过三分之一的内容都是关于自然科学的知识，这在古代所有笔记类著作中是比较少见的。比如，在《技艺》这一卷，沈括详细记载了关于毕昇发明的活字印刷术，这是世界上最早的有关活字印刷术的文献资料。

《梦溪笔谈》中涉及的科学技术知识非常广泛，下面选取几个方面进行简单的介绍。

第一，天文历法方面。书中关于天文历法的介绍有二十多条，足以看出沈括在天文历法方面是很有研究的。事实上，沈括对天文历法的贡献也不小。首先，他对一批天文仪器进行了改造，以浑仪为例，沈括改造了它的结构，放大了它的窥管口径，同时取消了上面不能正确显示月

沈括与《梦溪笔谈》

球公转轨迹的月道环。经过沈括改造之后，浑仪能更好地观测星辰，方便又精准。后来，沈括还陆续改进过壶漏、圭表等器物。沈括对天象的观察非常细致，得到了很多新的发现和成果。他还提出了"十二气历"，较好地解决了古代历法中存在的阴阳历调和问题，而国外的萧纳伯历与十二气历相比，晚了八百多年！

第二，地理科学方面。书中有三十多条涉及地理、测量和制图等方面的内容，这为后世研究自然地理提供了珍贵资料。沈括发现了太行山上有螺蚌化石，并推断这里过去曾经是海滨，进而得出华北平原是由黄河、漳河、滹沱河等夹带的上游泥沙沉积而成的冲积平原的结论，这个是世界上最早对冲积平原形成的科学解释。

第三，数学方面。虽然书中对数学的记录仅有七条，但是其涉及范围之广，创造性见解之多，极为罕见，这也使它成为中国古代数学研究的重要内容，其中最著名的就是沈括首创的隙积术和会圆术。除此之外，还涉及了很多数学研究和应用的内容，比如如何计算围棋可能的总局数、如何测量水位落差等。

第四，物理学方面。书中涉及光学、磁学以及声学等物理领域的内容有十几条，包含对"琴弦共振"现象的观察与分析、对古代神奇的透光铜镜原理的正确推论、如何利用磁石使铁针磁化用以制作指南针等。沈括还发现了磁偏角，这比西方早了四百多年。

因为沈括的科学文化素养非常高，所以他记载的科技知识，基本上反映了北宋的科学发展水平和他自己的研究心得，《梦溪笔谈》的科学价值非常高。

第五章

农业和手工制造业篇

一、古人的科学：耕作技术"革命"

中国古代是小农经济社会，农业耕作对于古人和国家来说是非常重要的。中国古代的科技发展推动了农业技术的进步，给人们带来了很多的便利。下面就让我们一起来了解一下古代耕作技术的"革命"吧！

科学技术是第一生产力，科技的发展可以推动生产力的发展。在过去的几千年历史中，古代的劳动人民利用他们的聪明才智创造出一个又一个农业科学成果，大大推动了社会的发展。

在农具方面。神农氏教人们制造耒耜开荒垦地，播种五谷。到了战国时期，铁制的农具被发明，生产效率大大提高。人们为了节省耕地的体力，创造出了牛耕。此时的牛耕已经可以翻土碎土，这项技术比欧洲早了一千多年。到了唐代，人们改善了耕犁的结构，制作出了曲辕犁。明代时，劳动人民利用轳辘和绳索制作出了人力耕地机——耕架，它的出现表明了中国古代的农业机械水平已经比较高了。

在播种方面。农民最开始是人力播种，汉代时农民发明了播种的耧车，这是一种将开沟和播种结合起来的播种机，使用起来非常方便，直到现在我们国家的一些地区还在使用这种耧车进行播种。

在灌溉方面。春秋时期，古人利用杠杆原理发明了提水的桔槔。东汉时期的毕岚发明了引水浇洒道路的翻车，这种翻车就是后来水车的雏形，西方在一千五百多年之后才有类似的灌溉工具。后来，由于轮轴和机械制造技术的迅速发展进步，效率更高的牛转、风转和水转的翻车诞生了，人们引水更省力了。宋元时期，水转翻车更加普及，元明时期，人们发明了风力水车。

古书上的农具

古代还有一种非常常见的灌溉工具，那就是唐代人发明的筒车。筒车是用竹子或者木头做成大型的立轮，由一个横轴架起，在轮子的周围斜装上多个小竹筒，然后将筒车放到水中，立轮的下边浸入水中，轮子随着水流转动，轮子上面的小竹筒将水舀出，然后再经由木槽灌溉到农田之中。宋元时期，人们又发明了用畜力转动的筒车，同时还发明了可以将水引到数十丈高的高转筒车。

在粮食加工方面。汉代出现了役水而舂的机械，甚至还有专门将碾出的米和糠分离的扇谷风车，用水力驱动的石碾等。

从这些简单的描述中，我们就能体会到中国古代劳动人民的聪明和机智，这些农耕用具的发明和改进无不显示了他们的创新精神。他们的经验和智慧通过一代代劳动人民传承、发展、总结、推广，在农业生产中做出了巨大贡献。

古书上的水车

我们生活在科技化的时代，可能对很多的农具都不熟悉，甚至完全没有见过。但我们不能忘记这些是古人的伟大创造，我们要学习他们的创新精神，使自己成为一个更有价值的人。

二、从蚕丝到丝绸

　　我们国家是世界丝绸的发祥地，在古代还被称为"丝国"。随着丝织品的大规模生产，从西汉起，中国的丝绸就开始大批销往国外，并开辟了世界闻名的丝绸之路。那么，你们知道丝绸是怎么来的吗？

　　丝绸是中国特有的产品，中国古代的劳动人民很早就学会了利用蚕丝纺织出美丽的丝绸。那么，人们是如何发明出丝绸的呢？

　　这就不得不提起一则动人的神话故事了……

　　相传黄帝战胜蚩尤后，建立了部落联盟，大家一致推选黄帝作为部落的首领。一天，黄帝将大臣和妻子嫘祖叫到了身边，开始对他们讲述今后部落的发展规划，并给大家分配工作："种植五谷、造工具的事情，由我来负责；嫘祖负责缝做衣服的事情；剩余的事情由胡曹、伯余、于则三人帮衬。"

　　嫘祖非常聪明能干，她领命后，保证一定会让所有人都有衣服穿。她带领三名辅佐她的大臣立刻开始做衣服，一人做帽子，一人做衣服，一人做鞋子，而她则剥树皮、纺麻网、加工皮毛，为他们提供材料。终于在他们的努力之下，所有人都穿上了合适的衣服，但是嫘祖却因为过度劳累病倒了，好几天都吃不下东西。黄帝非常担心，却无计可施。

　　守护在嫘祖身边的侍女非常着急，她们悄悄商量着去山上采摘些新鲜果子，也许夫人能吃下。于是第二天，她们留下一人照顾嫘祖，其他人都跑去摘果子，可果子不是酸就是苦，正当她们垂头丧气的时候，却发现了一片桑树林，树上结着白色的"果子"。她们以为找到了上等果子，便尝也没尝就摘了很多带回来了。结果她们回来后才发现，这"果子"根本咬不动，顿时有些不知所措。

出土的古代丝绸制品

　　恰巧一位大臣路过，建议她们用水煮一下。侍女们连忙将"果子"煮了，可还是咬不动，于是就用木棍搅了几下，结果发现木棍上缠了很多白丝线。这件事情被嫘祖知道了，她让人把白丝线拿过来，仔细观察后，觉得它大有用处。嫘祖看到白丝线之后，她的病竟然神奇地不治而愈了。

第二天，嫘祖和侍女们来到那片桑树林，发现那"果子"并非树上结出来的，而是由虫子吐出来的细丝缠绕而成的，她给那种虫子取名为"蚕"，给"白果子"取名为"茧"。后来，在嫘祖的带领下，人们栽桑树、养蚕、缫丝、制丝绸做衣。人们为了纪念嫘祖的功绩，尊称她为"先蚕娘娘"。

当然这个传说并不能作为我国养蚕、缫丝、用丝绸做衣的依据，但它却说明我国最早使用的蚕丝是野蚕丝。后来，人们开始养蚕，才逐渐改为家养的蚕丝，并且在上古时代，先民们已经学会了利用蚕丝的技术。

很多文物也佐证了这一点，比如，1926年考古学家在山西夏县西阴村的新石器时代遗址中发现了一个被工具切开的蚕茧；1950年河南安阳殷墟遗址中，在青铜器上还黏附着精美的丝织细绢。

尽管最初的蚕丝工艺非常粗糙，可是蚕丝的利用却大大开启了丝绸发展的大门，使之在漫长的历史中成为我们国家的代表之一。由此可见，蚕丝的加工与利用是多么重要呀。当你身着丝滑轻盈的丝绸服装，使用着被褥等丝绸制品的时候，你会不会想起当年先人们采桑养蚕、缲丝、纺织的辛苦身影呢？

三、精湛的青铜冶铸技术

在中国古代的历史上，从夏朝到春秋这一千六百多年的时间，被人们称为"青铜时代"。这个时期的青铜冶铸技术十分先进，很多著名的青铜器都是在这个时代产生的。今天就让我们走进青铜时代，去领略一下古人先进的青铜冶铸技术吧！

青铜器作为一种世界性文明的象征，标志着人类从原始的愚昧状态过渡到社会的文明。我们中国古代制作的青铜器不但造型精美，工艺水平也十分高超，在世界青铜器中艺术价值最高。

在讲述古代青铜冶铸技术之前，我们要先了解青铜到底是什么。其实，青铜是相对于红铜来说的，红铜就是我们说的纯铜，而青铜则是铜、锡、铅等组成的合金，它以铜为主，金属呈现出青绿色，因此人们称它为"青铜"。

　　古人最初使用的是自然铜，到了商代早期，人们就已经能够用炼炉炼制青铜了。炼制的过程比较复杂，一般是先将选好的矿石放入溶剂内，然后再放进炼炉内，点燃木炭熔炼。然后将炼渣捞出，倒出精炼的铜液，这样就得到了粗铜。粗铜还需要再经过提炼，最终才能得到更加纯净的红铜。最后，将红铜、锡、铅等熔合成合金，青铜就炼制成功了。

　　青铜的发明无疑是人类文明史上的重大事件之一。青铜克服了纯铜柔软的缺点，容易铸造并且熔点低，所以大受欢迎，青铜器也逐渐成为古代铜器中的主要品种。

　　中国古代青铜器的铸造方法主要有块范法和失蜡法两种。块范法是使用最广泛的青铜器铸造法，要经历制模、制范、浇注和修整四个环节；失蜡法是使用比较容易熔化的材料制成所铸器物的蜡模，然后经过细泥浇淋、高温烘烤、浇注铜液等步骤，铸造青铜器。除此之外，还有分铸法、焊接法等工艺。

青铜器杰作——商后母戊鼎

　　商代早期的铜爵有多种陶范和泥芯，这表明当时的青铜器铸造技术已经达到了一定水平。到了商代中期，人们已经能够使用锡青铜和铅青铜两种合金铸造八十千克的青铜大鼎了。商代后期，青铜冶铸技术已经十分成熟，工匠能够熟练使用多种分铸法铸造复杂的器形。

到了西周时期，陶范铸造技术进一步推广，人们开始尝试铸造新的青铜器形和纹饰等，甚至在一些青铜器内铸有铭文。

春秋中期，人们在原有的基础上发明了失蜡法和低熔点合金铸焊技术，使青铜铸造工艺有了更进一步的发展，从原本单一的范铸技术发展为综合运用浑铸、分铸、蜡铸、软焊、硬焊、锻造等多种技术的复杂技术。

成书于春秋战国时期的《考工记》，根据工匠们的冶炼青铜经验，对青铜合金的成分、性能和用途等做了全面的总结，并提出了著名的"六齐"合金配制法，解释了锡青铜机械性能随锡含量的高低而产生变化的科学规律，具有极高的学术价值。

随着大量古代青铜器的出土，中国古代工匠高超的青铜冶铸技术水平渐渐被世人熟知。通过那些精美的青铜工具，我们仿佛能看到几千年前举世闻名、灿烂无比的青铜时代。

四、聪明的古人会用铁：冶铁技术

中国是世界四大文明古国之一，在漫长的历史中曾经有过无数的辉煌成就，冶铁技术就是其中的一项。中国虽然不是世界上最早使用铁器的国家，但是中国古代的冶铁技术却领先世界。今天就让我们一起来了解一下吧！

在我们大多数人的认知中，铁是一种金属材料，似乎是天然就存在的，其实并不是这样的，天然的纯铁在地球上是几乎没有的，而人类最早发现和利用的铁，实际上是太空落下来的陨铁。在商朝的时候，我们的先祖就对陨铁有了认识，并开始利用它。虽然我们发现和

春秋时期的铁制农具

利用陨铁要比埃及晚一些，但是我们的先人却凭借着自己的智慧，使中国成为最早进行人工冶炼铁的国家。

春秋战国时期，开始出现铁制农具，农业生产力随之大幅度提高。随着铁农具的使用范围逐步扩大，人们对铁制品的需求进一步增多，促使了冶铁技术的发展。

最晚在春秋时期，我们聪慧的先祖已经熟练掌握了冶铁技术。人们发明了竖炉，然后以木炭作为冶炼的燃料，用皮口袋进行鼓风，使炉子升温，进而冶炼出了世界上最早的生铁。这项科技发明，使我国的冶铁技术后来居上，这比欧洲冶炼出生铁早了一千多年。

考古工作者在江苏六合程桥发现了一枚春秋晚期的铁丸，经过科学检测，发现这枚铁丸是用白口生铁铸造而成的，这是到目前为止我国发现的最早的生铁实物。

铁分为生铁和熟铁，它们二者的含碳量有所不同，一般把含碳量小于 0.02% 的铁称为熟铁，把含碳量大于 2.00% 的铁称为生铁。

汉代冶铁、炼铁的技术都有了很大的进步。《汉书·地理志》中记载了汉武帝时期在全国设立了四十八个铁官，并设有铁场，在国家垄断的模式下，大量的优秀工匠被国家收编，再加上上等原料和不计成本的投入生产，冶铁技术大幅提高。

后来，由于战乱频发，刀剑等铁质兵器成为战场中非常重要的军需品，而作为兵器铸造原材料的铁更是备受瞩目。为了维护统治和战争的需要，统治者对冶铁业格外重视，在一定程度上推动了冶铁技术的发展。

另外，早在先秦时期，我们国家就已经发现了煤炭，并开始利用，但是这个时期煤炭还没有被应用到冶铁中。汉代到南北朝时期，人们已经比较广泛地利用煤炭了，此时人们开始将煤炭试用于冶铁过程中。明清时期，人们开始用焦炭冶铁。

公元 14 至 15 世纪，我国铁的产量超过两千万斤。大家对这个数量可能没有直观的概念，西方国家中最先开始开展工业革命的英国，比我国晚了两个世纪才达到这个水平。这么一比较，大家是不是就能清楚我国古代冶铁技术水平有多高了？

我们回顾这些历史，主要是为了学习和了解中国古代伟大的科技成就，树立民族自豪感和文化自信，坚定民族复兴的信念，一千年前我们能领先世界，那么现在，我们更应该奋发图强，努力走在世界的前列。因此，我们要锻炼本领，为中国成为铸造强国贡献自己的一份力量！

五、百炼成钢：古代炼钢技术

在汉代陈琳的《武军赋》中有这样一句话："铠则东胡阙巩，百炼精刚。"这里百炼精钢的意思就是铁经过反复的锤炼才能成为坚韧的钢。那么你们知道钢是怎么炼制的吗？今天就让我们一起来了解一下古代的炼钢技术吧！

中国是世界上最早掌握炼钢技术的国家之一，在春秋晚期，我们国家已经出现了炼钢技术。

从先秦到西汉晚期，炼钢的主要工艺是铁块渗碳法。一般是先从矿石中炼出铁，然后再将铁块作为原料，在炭火中加热吸碳，提高含碳量，不断进行折叠锻打，去除杂质，帮助碳渗进铁中，从而得到钢。这种钢叫作块炼渗碳钢，常用来制作刀剑等兵器，在农业和手工业中很少使用。

从汉代到明清时期，人们主要采用的炼钢工艺是炒钢法和灌钢法，除此之外还有百炼钢法和铸铁过碳钢等。我们简单介绍一下炒钢法和灌钢法。

炒钢法大约出现于西汉中晚期，它以生铁为原料，先将生铁加热到液态或者半液态，然后再利用鼓风中的氧气使生铁脱碳到钢和熟铁的成分范围，在整个冶炼过程中，要不断地炒动金属，动作像我们炒菜一样，因此得名炒钢法。

东汉末年《太平经》中记载："使工师击冶石，求其铁烧冶之，使成水，乃后使良工万锻之，乃成莫邪耶。"这些话虽然没有提到炒钢法的名字，但实际上却是对炒钢法的概括。

炒钢法的发明迅速改变了当时武器锻造的原料，钢完全取代了青铜和石木的地位。炒钢工艺无形中推动了科技的进步，促进了灌钢工艺的出现，这种工艺比欧洲提前了一千六百多年。

灌钢又称团钢，是将生铁和熟铁混合在一起冶炼从而得到含碳量高、质地均匀的优质钢的方法。关于灌钢的最早记录是在东汉晚期《全后汉文》中，书中有这样的记载："相时阴阳，制兹利兵。和诸色剂，考诸浊清。灌襞以数，质象以呈。附反载颖，舒中错形。"这段话是记述宝刀的制作过程，中间提到钢铁材料要多层积叠、反复折叠，"灌襞以数"指的就是多次灌炼。由此可见，东汉末年，人们便已经可以使用灌钢制作的刀剑了。

到了魏晋南北朝时期，灌钢法在全国各地推广开来，并被广泛应用于农具中。在隋唐、宋明时期，灌钢技术都有不同程度的发展和进步。它的发明和推广，不仅增加了钢的产量，而且还改善了兵器、农具和手工工具的质量。

不管是哪种炼钢技术都是我国古代劳动人民的智慧结晶，正是因为他们的发明和创造，才使我们古代的炼钢技术始终领先于世界。我们应该以此为豪！

六、久负盛名的机械天才：鲁班

一些喜欢玩手机游戏的人可能知道有一个游戏角色的名字叫鲁班，那你们知道在春秋时期也有一个名叫鲁班的机械天才吗？今天我们就一起去看看古代的鲁班有哪些厉害之处吧！

鲁班是春秋时期鲁国人，姬姓，公输氏，名班，人们常称他为公输盘、公输般、班输，尊称公输子。鲁班是非常著名的工匠，被后人尊为中国工匠的祖师，建筑业、木工业等行业都流传着鲁班的传说。

鲁班诞生于工匠世家，从小便跟随家人学习，参与了很多土木建筑工程，并在这些过程中积累了很多生产劳动的经验，学会了很多技能。

在公元前450年左右，鲁班千里迢迢从鲁国来到楚国，帮助楚国制造兵器。他创造出云梯，准备帮楚国攻打宋国，却被墨子赶来阻止，最终墨子说服了楚王放弃攻打宋国。虽然楚国没有攻打宋国，但是鲁班创造的云梯却也没有浪费，在后来的各大小战役中发挥了重要的作用。

鲁班被称为机械天才并非浪得虚名，他在世时创造出了很多工具，到现在人们还在使用着。

木工工具方面。鲁班创造出了很多木工工具，比如锯子。据说鲁班一次到深山里伐树，一不小心，手被一种野草的叶子划破了，血一下子就流了出来。鲁班摘下叶子仔细观察，发现这种野草叶子的边缘长着非常锋利的齿，他捏着叶子轻轻在手背上一划，果然割出一道小口子。鲁班因此受到了启发，制作出了锋利的锯子。

鲁班还发明了曲尺、墨斗、刨子等工具，这些木工工具将工匠们从原本繁重的劳动中解放出来，大大提高了劳动效率，也推动了土木工艺的发展。

古代兵器方面。《墨子·鲁问》中记载了鲁班对春秋末期常用的兵器钩和梯进行改造的事情。鲁班发明了云梯，这是古代攻城的有利器械。许慎曾称："云梯可依云而立，所以瞰敌之城中。"古代城墙都非常高，想要攻城，直接爬上去非常困难，但是有了云梯，士兵就可以登上云梯直达敌人的城楼上。云梯还可以用来站在高处侦察敌情，俯瞰整座城池。

　　"钩强"也称"钩拒""钩巨"，是古代水战时使用的武器。鲁班将钩改造成了船战所用的"钩强"，这样就可以在作战的时候钩住或者阻碍敌人的战船。楚国与越国进行水战的时候就使用了这种武器。

　　农业方面。鲁班发明了石磨、碾子等先进的农具，用于粮食的加工。在古代，人们加工粮食通常是将谷物放在石臼里，然后用杵来舂捣，这样既费力，又容易间断，所以效率非常低。于是，鲁班将两块比较硬的圆石，凿出密布的浅槽，合在一起，然后将粮食放入其中，用人或者牲

口拉动旋转，这样就能磨碎粮食了。鲁班这项发明大大减轻了人们的劳动强度，提高了劳动效率。

　　除了以上这些，鲁班还发明了机封、雕刻、伞、锁钥等。

　　鲁班这位"百工圣祖"带给世人的震撼远远不止于此，他高超的机械制造水平实在令人惊叹。

　　我们应当多了解一些中国的能工巧匠，而不应该把对

他们的了解仅停留在游戏中。时隔千年，鲁班所创造出的工具依然为人们所用，让我们一起铭记这位伟大的机械天才吧！

七、奇怪的黑色石头：煤的开采

你们知道马可·波罗吗？他在《马可·波罗游记》中记述了自己在旅行中的所见所闻，其中他讲述了一段在中国的经历，这里面他提到了一种能燃烧的、奇怪的黑色石头。你们能猜到它是什么吗？

公元 1275 年，意大利著名的旅行家、商人马可·波罗跟随自己的父亲和叔叔通过丝绸之路到了中国，他受到了当时的元世祖忽必烈的赏识，于是便留下来在元朝做了一名官员，并且任职了十七年。

公元 1295 年年底，马可·波罗结束了在中国的生活，返回了意大利的威尼斯。他回去的时候带回了很多精美的丝绸和瓷器，这使得他的邻居和朋友除了感叹这些器物的精致之外，越发对中国感到好奇，他们经常让马可·波罗讲述一些他在中国遇到的新鲜事。一次，马可·波罗就讲述了这么一段："在中国，有一种很奇怪的黑色石头，它能像木头一样燃烧，但是火力和持久力都比木头要强，可以从晚上烧到早上。"

马可·波罗说的这种奇怪的黑色石头，我们并不陌生，它就是我们现在经常使用的煤。在马可·波罗看到中国人使用煤之前，我们的先人们把煤作为燃料已经有一千多年的历史了。

煤，在古代的文献中有多个称呼，如石涅、石墨、石炭等。在西汉之前，煤被人们当作雕刻的材料，到了西汉时期，人们才开始开采煤矿，将煤当作燃料使用。司马迁在《史记·外戚世家》中记录了这么一件事：窦皇后的弟弟窦少君为人挖煤的时候，正赶上旧的煤坑坍塌，一百多个人皆死于非命，唯有他死里

逃生。司马迁本想借此突出窦少君的不幸遭遇，却不承想这段文字竟然成了中国甚至是世界上最早的采煤记录。

在 1958 年至 1959 年期间，考古工作者在河南巩县铁生沟发现了西汉中后期的冶铁遗址，经研究发现，当时的

人们冶铁用的就是原煤、木柴等燃料，从而证实了煤的使用时间。

唐宋之后，煤的开采和使用更加普遍，开采的技术水平也逐渐提高。明代宋应星的《天工开物》中明确记载了古人采煤的方法：有采煤经验的人可以根据地面土质的颜色判断下面有没有煤，如果有就继续往下挖，大概挖到五丈左右便能得到煤了。煤层刚刚露出的时候，常会有毒气冒出来，因此需要将削尖的竹筒插到煤层中，让毒气顺着竹筒排出去。然后，人们就可以在煤井下开始挖煤了。如果发现煤层向四处延伸，则可以随着煤的分布，横打巷道进行挖取。挖巷道要注意使用木板支护，以防坍塌。

《天工开物》中对怎样找煤、采煤到如何排除毒气、防止坍塌等都提出了非常科学的措施，这是极为难得的。

西方最早开始采煤是在公元 13 世纪的英国，比我国晚了一千四百多年。这样一对比，我们中国古代的科学技术真是比国外要领先很多啊！

八、传说中的黑色金子：石油

在中国古代，石油有"黑色金子"的美誉，将其与金子并称，足以看出它的珍贵。让我们一起去看一看古人是如何开采和利用石油的吧！

石油在中国古代被称石漆、石液、石脂水、石脑油、猛火油等。我国最早有关石油的记录出现在西周时期的《易经》之中，书中写道："泽中有火""上火下泽"，这里的"泽"是指湖泊池沼，而"泽中有火"则是对石油蒸汽在湖泊池沼的水面上起火现象的描述。这一记录距今已经有三千多年了。

我国最早有关石油产地和功能的记录出现在东汉时期文学家、历史学家班固所写的《汉书·地理志》中："高奴县有洧水可燃。"高奴县是现代陕西省延安一带，而洧水则是延河的一条支流，这里明确记载了石油的产地，并对石油的形态和功能进行了简短的介绍。

南朝范晔所写的《后汉书·郡国志》中，首次记载了我国最早采集和利用石油的情况。文中这样写道："县南有山，石出泉水，大如，燃之极明，不可食，县人谓之石漆。"这里的"石漆"指的就是石油。在《博物志》一书中提到了甘肃玉门附近有这种石漆，可作为车轴的润滑油使用。这些记录不仅表明古人对石油有了进一步的认识，还说明人们此时已经开始采集和利用石油了。

那么，"石油"这个词是什么时候开始出现的呢？宋代著名科学家沈括在《梦溪笔谈》中，将之前人们使用的石漆、石液、石脂水、石脑油、猛火油等称呼统一命名为"石油"，并对石油进行了详细的介绍，自此"石油"一词沿用至今。

中国古人采集石油的历史非常久远，在《元一统志》中有这样的记载："在延长县南迎河有凿开石油一井，其油可燃。……又延川县西北八十里永平村有一井……"这本《元一统志》是公元 1303 年时的著作，这表明在七百多年前，我们国家已经开始钻井采油了，而西方打出第一口石油井则是在 1859 年。

最初古人对石油的应用除了当润滑油和燃料使用之外，还用于照明。到了宋代，人们已经将石油应用到武器制作中。明代医学家李时珍在《本草纲目》中对石油进行了药理分析，并提出了它的药用价值。

　　我们国家是世界上最早发现和最早使用石油的国家，而且还是世界上最早开凿石油井的国家，我们为这样的历史成就感到自豪！

九、古代农民的智慧:《齐民要术》

在中国古代的农学著作中,最著名、出现最早的就要数《齐民要术》了。这本书讲了什么内容呢?我们来了解一下吧。

《齐民要术》是中国古代农学家贾思勰所写的一部综合性农学著作,位列中国古代五大农书之首,它也是世界农学史上最早的专著之一。

贾思勰在编写这本书的时候,北魏政权刚刚建立,社会经济和社会秩序尚未完全恢复,为了发展经济、促进农业生产,北魏孝文帝进行了一系列改革,推动农业进一步发展。朝廷推行均田制,规定种植五谷和瓜果蔬菜,研究防旱技术和创新型农具,这使得贾思勰认定了农业科技关系着国家的富强,于是他萌生了写书的想法。这种想法在他为官期间越发坚定,经过他的亲身实践,在总结前人经验的基础上,将自己获得的生产知识和实践体验整理成书，最终完成了这本《齐民要术》。

《齐民要术》中记载了黄河中下游地区，人们进行农牧业生产的经验，以及食品加工储藏、野生植物利用、治荒等内容，涵盖了农、林、牧、副、渔等多个方面。全书共 11 万字，分为 10 卷 92 篇，其中正文约 7 万字，注释约 4 万字，书中借鉴了古籍近 200 种，尤其以《氾胜之书》《四民月令》等已经失传的农书居多。

贾思勰在《齐民要术》中建立了比较完整的农业科学体系，并以实用性为划分依据，对各个农学品类做出了合理的划分。

《齐民要术》对耕种、农产品的加工、酿造等过程进行了详细的记录，同时还介绍了种植学、林学以及养殖学的知识。

书中有关土壤管理的内容非常详细，例如抗旱保墒的方法，如何恢复和提高土壤肥力的办法，选育良种的重要性，生物和环境的相互关系等。这些方法为后世的农业发展提供了很大帮助。

书中还讲述了牛、马、鸡、鹅的饲养方法，收录了兽医处方 48 例。

《齐民要术》对后世的影响非常深远，后来的很多农书都是以它为范本。它在 19 世纪传到欧洲之后，在欧洲也产生了不小的影响。这本书为中国农业技术的发展提供了科学指导，是我们研究中国古代农学的重要历史资料。

十、世界钟王：永乐大钟

在北京市海淀区北三环路北侧有一座寺庙——大钟寺，寺内保存着一口非常大的铜钟，它就是世界"钟王"——永乐大钟。它的铸造又有什么样的秘密呢？让我们来一探究竟吧！

永乐大钟是中国现存最大的青铜钟，铸造于明朝永乐年间。当年明成祖朱棣称帝后，改年号为"永乐"，迁都北京。根据《太祖实录》中"唯功大者钟大"的规矩，他想通过铸造佛钟来超度死去将士的亡灵，并假借佛祖之名为自己的篡位找到一个合理的借口，他的心思被道衍和尚看穿，于是请旨造钟，这才有了今天的永乐大钟。

永乐大钟高 6.75 米，最大直径为 3.3 米，重 46.5 吨，钟唇厚 18.5 厘米，整个钟体光洁，无一裂痕。钟身内外铸满了经文，每个字 1 至 1.5 厘米见方，字体端正，古朴遒

劲，相传这是明代书法家沈度的手笔。据专家考证，这口
永乐大钟，铸有多种佛经和咒语，共计约 23 万字。时至
今日，钟身上的经文依然清晰可见。

永乐大钟的铸造方法是采用
中国三大传统铸造工艺之一的泥
范法。具体铸造过程是：先在地
上挖一个大坑，用草木和三合土
做好内壁，在上面涂好细泥，将
写好经文的宣纸反贴在细泥之
上，再刻好阴字，然后再加热制
成陶范，一圈圈做好外范。最
后，几十座熔炉同时开炉，将熔
好的铜水沿着泥做的槽注入陶
范，大钟一次便能铸造完成了。

这样说起来简单，但是实际操作起来，可不是个小工
程，稍不留意，整个铸造就会失败，就算放到科学技术水
平如此发达的今天也并非一件简单的事情。因此，更需要
非常熟练、巧妙的技巧和很好的组织协同、工艺措施才能
铸造出如此硕大的青铜钟。

永乐大钟的铸造成功代表了中国古代工匠们的冶铸技
术已经到达了炉火纯青的地步。

专家们对永乐大钟进行了科学测量，发现大钟的合金比例竟然非常科学，其中铜占 80.54%，锡占 16.40%，铅占 1.12%，除此之外，还有一些少量的其他金属。在没有精密科学仪器的古代，能达到堪称完美的调和比例，简直就是奇迹。也正是因为这合理的合金比例，使得永乐大钟质地坚固，硬度适中，整个钟体强度达到了最佳状态，即便五百多年后，依然完好如初。

撞击永乐大钟时，它发出的声音不但音色好、衰减慢，传播得还远。轻轻撞击，生脆悠扬，回荡时间不到一分钟；重重撞击，声音洪亮浑厚，尾音能长达两分钟以上，令人啧啧称奇。

永乐大钟不仅对我们研究中国古代礼乐制度、音乐、思想史等有重要作用，它也代表了当时铸造工艺的最高水平，是研究我国传统科学技术的宝贵实物资料。

十一、工艺百科全书：《天工开物》

我们做一些手工的时候，会参考一些书籍，这样能更加顺畅地完成制作。在中国古代有一本综合性著作，它被誉为"中国17世纪的工艺百科全书"，它就是《天工开物》。它有什么魅力呢？我们一起来看看吧！

《天工开物》是明代杰出科学家宋应星编著的关于农业和手工业生产的综合性著作，是一部百科全书式的著作。

明朝时期，我国的农业、手工业、商业都比较发达。农业方面，耕地面积不断扩大，农作物的品种也得到了改良；手工业种类繁多，已经具有一定的规模；商业和交通都得到了进一步发展。

宋应星从小勤奋好学，再加上良好的学习氛围，养成了较高的文化素养。可惜他仕途不顺，于是他选择到处游历考察，了解基层群众生产领域的工艺流程，最终将这些生产经验和事例等整理成书，完成了这本工艺百科全书《天工开物》。

《天工开物》记载了明朝中叶以前的多项技术，全书共分为上中下三卷 18 篇，附 121 幅插图，总共描述了 130 多项生产技术和工具的名称、形状和用途等内容。

上卷主要记载了谷物、豆、麻等如何栽种和培育，以及如何对它们进行加工。同时还有一些关于蚕丝棉苎的纺织和染色、制糖、制盐等工艺。

中卷的内容则以制造砖瓦、陶瓷，修建车船，锻造金属，开采煤炭，烧制石灰，采硫黄，榨油，造纸等技术为主。

下卷主要介绍如何开采和冶炼不同金属矿物，如何制造兵器、生产颜料、酿造酒曲、采集加工珠玉等。

《天工开物》18 篇内容分别为：《乃粒》（谷物）、《乃服》（纺织）、《彰施》（染色）、《粹精》（谷物加工）、《作咸》（制盐）、《甘嗜》（食糖）、《膏液》（食油）、《陶埏》（陶瓷）、《冶铸》、《舟车》、《锤煅》、《燔石》（煤石烧制）、《杀青》（造纸）、《五金》、《佳兵》（兵器）、《丹青》（矿物颜料）、《曲蘖》（酒曲）和《珠玉》。

书中详细描述了各种农作物、手工业原料的种类、产

地、生产技术和工艺流程、装备等，并附加了一些从生产
实践中总结出来的经验，供后人参考。

书中除了关于手工业工艺和农业方面的内容外，还涉
及了大量的物理知识，比如筒车、风车等提水灌溉工具中
使用的力学原理，在灌钢、失蜡铸造、泥型铸釜、熔融、
提炼盐等工艺过程中使用的热学知识等。

《天工开物》对中国古代的手工业有很大的影响，其
中一些技术直到现在还在使用。它包含的技术内容之广远
超西方同时代的同类型书籍，难怪欧洲学者称它为"中国
17 世纪的工艺百科全书"。

第六章

医学篇

一、华夏医祖：名医扁鹊

你们知道华夏民族的医祖是谁吗？没错，他
就是名医扁鹊。那么，扁鹊有哪些神奇经历和医
学贡献呢？让我们一起来了解一下吧！

扁鹊，姬姓，秦氏，名越人，是春秋战国时期的
名医，与华佗、张仲景、李时珍并称为中国古
代四大名医。

扁鹊年少时师从长桑君，受到他的真传，习得一身高
超的医术。后来，他学有所成拜别了师父，开始到各个国
家行医。他到达邯郸后，听闻当地人对妇女非常尊重，于
是就做了妇科医生，专门治疗妇科疾病；他到达洛阳后，
听闻周人敬爱老人，于是他就专门治疗老人容易得的耳聋
眼花、四肢痹痛的病；当地人喜欢孩子，他便专门治疗小
孩的疾病。就这样，扁鹊在游历过程中，不断依据当地的
习俗来变化自己的医治范围。他的医术随着实践增多越来

越高明，名声也就随之传开了。

可惜这样一位悬壶济世的神医，却被秦国的太医李醯给害死了。当时，秦武王与武士们比试举鼎，不小心伤到了腰部，吃了太医李醯开的药后并没有好转，并且有更加严重的趋势。于是有人就向秦武王推荐了扁鹊，秦武王宣扁鹊入宫。扁鹊只是看了一下秦武王的神态，诊了一下脉搏，用力在他的腰间推拿了几下，秦武王就感觉好了很多。随后，扁鹊给秦武王开了一副汤药，秦武王很快就痊愈了。秦武王很高兴，便想封扁鹊为太医，结果在李醯的阻挠下只好作罢了。

李醯知道自己的医术不如扁鹊，担心他会威胁自己的地位，于是请杀手去截杀了扁鹊，一代名医就这样殒命了。

扁鹊虽然离世，但是他的医学技术和主张却被人们永远地传承了下来。

在扁鹊问诊的时候，他综合患者全面情况来诊断疾病，并创造出了中医理论的"四诊法"，即望、闻、问、切。

扁鹊将这望、闻、问、切四种诊法熟练地运用到看诊过程中，尤其他的切脉诊断法极为高明，能切脉诊断全身包括头颈部、上肢、下肢和躯体全部的脉络，以此判断疾病，并且提出了脉诊理论。

难怪《史记》称赞扁鹊是最早将脉诊应用到临床治疗中的医生，这足以看出扁鹊医术的高超。

扁鹊在行医的过程中，经常会采用综合方法治疗疾病。在先秦时期，医学尚未明确划分科目，因此扁鹊就成了一名能够治疗多种疾病的"全科医生"。

根据古籍记载，扁鹊十分擅长外科手术，还能用药物进行麻醉手术。他进行的最著名的一次手术，就是传说中为鲁公扈和赵齐婴二人换心。鲁公扈、赵齐婴二人都有病，一人志强体弱，一人体强志弱，于是扁鹊为了平衡他们的志和体，就为两人换了心。换心后，两人就像没得过病一样健康。

扁鹊不仅医术高超，还十分注重疾病的预防，曾多次劝说患者及早治疗，对疾病要预先采取措施。这种意识即便是以现在的眼光来看，也是非常先进的。

扁鹊在总结前人和民间经验的基础上，结合自己的医疗实践，创立了中医学的基础理论，为中国古代医学和中医学做出了卓越的贡献。我们应当感恩古人为我们留下的宝贵医学财富，并将传统医学发扬光大。

二、医学经典：《黄帝内经》

在中国古代几千年的历史中，产生了很多医学名著，其中最早的一本综合性的医学经典，就是《黄帝内经》。它对后世中医学发展有着深远的影响。今天就让我们一起来了解一下吧！

《黄帝内经》又称《内经》，是中国古代最早的医学典籍，也是中国传统医学四大经典之首。它的成书时间大概在战国到秦汉时期，至于它的作者，古人持有不同的观点：一些人认为《黄帝内经》是黄帝所著；一些人认为《黄帝内经》并非一人所著，它是由中国历代的医学家进行增补汇总后形成的，众人溯源崇本，将此书冠上了黄帝的名字，起名为《黄帝内经》。

《黄帝内经》分为《素问》和《灵枢》两部分。《素问》中主要讲述了脏腑、经络、病因、病机、病证、诊法、治疗原则以及针灸等内容。《灵枢》是《素问》的姊妹篇，内容大体相似，但是在原有基础上增添了经络腧穴、针具、刺法及治疗原则等内容，内容更加丰富。

《黄帝内经》具有丰富的理论体系，里面包含了很多基本的中医理论，比如整体观念、阴阳五行、病因病机、脏象经络、诊法治则、疾病预防和运气学说等。这些理论可以总体概括为脏象、病机、诊法和治则四大学说。

脏象学说主要是研究人体的五脏六腑、十二经脉、奇经八脉等生理功能、病理变化以及相互之间的关系，并且以五脏六腑、十二经脉为基础，通过医疗实践、反复论证使学说更加丰富，最终达到指导临床的高度。

病机学说主要研究的是不同致病因素作用于人体之后，是否会发病，以及疾病发生之后内在机理的变化。书中将致病因素概括为三类：风雨寒暑、阴阳喜怒和饮食居处；将病症概括成四类：正虚而邪实者、邪实而正不虚者、正虚而无实邪者、正不虚而邪不实者。

形形色色的中药

诊法学说研究的内容为中医诊治方法，以望、闻、问、切为主。望诊主要是看神色、观形态、辨别舌苔；闻诊主要是听声音和闻气味；问诊主要是询问患者的自觉症状；切诊主要是切脉和切肤，切脉又有三部九候法、人迎寸口脉法、六纲脉等，切肤是指对全身的皮肤进行按压等。

治则学说主要讲治病的基本原则，比如防微杜渐、标本先后、治病求本、因势利导、协调阴阳、适事为度等。

《黄帝内经》全面总结了秦汉以前的医学成就，是中国医学由经验医学转变为理论医学的标志。它是一部博大精深的文化巨著，包含了医学、哲学、地理学、天文学等多方面的知识。甚至我们可以这样说，它是一部围绕生命问题而诞生的百科全书。

三、慈悲医圣：张仲景

前面我们介绍了华夏医祖扁鹊，今天介绍的
主人公是扁鹊的一位"迷弟"——医圣张仲景。
他是中国历史上最杰出的医学家之一，他的《伤
寒杂病论》是后世进行中医研究的必备书籍。今
天就让我们一起来了解张仲景吧！

张仲景，名机，字仲景，
东汉著名医学家，后
人尊称他为"医圣"。张仲景生活
在东汉末年，因为十分崇拜扁鹊
而对医学很感兴趣，于是他便拜
张伯祖为师。

东汉末年，国家动荡，战争
不断，并且多次出现了大规模的
瘟疫。张仲景出生于大家族，家

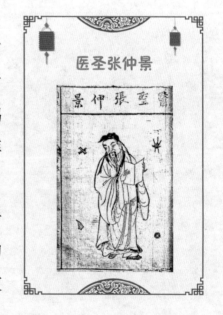

族本来有两百多人，但是在不到十年的时间里，三分之二的族人因为感染瘟疫而死，其中死于伤寒的人占大多数。

面对残酷的瘟疫，张仲景的内心十分悲痛。更雪上加霜的是，当时的统治者昏庸腐败，官场黑暗，百姓们饱受剥削，处在水深火热之中。张仲景为了拯救自己的族人和百姓，下定决心，一定要研究出能够治愈伤寒的药方。

于是张仲景开始行医游历四方，他亲眼看见各种疫病对百姓造成的严重后果，将自己多年来对伤寒的研究成果付诸实践，帮助百姓治疗。在这个过程中，张仲景进一步丰富了自己的经验，提高了对伤寒等疾病的认识，经过数十年的努力，他还完成了自己的医学著作《伤寒杂病论》。

《伤寒杂病论》是继《黄帝内经》之后又一部极具影响力的医学典籍。它集秦汉以来的医药理论为一体，系统地分析了造成伤寒的原因、伤寒的症状、伤寒发展的阶段以及不同种类、不同阶段该如何治疗伤寒的方法，创造性地确立了对伤寒病"六经分类"的辨证施治原则，奠定了理、法、方、药的理论基础。

书中的三百多个药方是由张仲景精心挑选出来的，每一个方剂的药物都非常精炼，主治哪种病症也非常明确。医生可以针对患者出现的症状，精细辨证，然后开出对应的药物，这样无论是简单的还是复杂的伤寒病都能医治。

比如，麻黄汤可治疗无汗、脉象虚浮且紧的伤寒病人；桂枝汤可治疗有汗、脉象浮缓、头疼发热的病人。另外，还有柴胡汤、青龙汤等等，这些著名的方剂都是经过多次的临床实践，被证实有效，才收录到书中的，这为后期中医方剂学的发展提供了依据，后世很多药方都是从此变化而来。

张仲景还提出要灵活辨证，对于特殊情况，就要学会"舍脉从证"和"舍证从脉"。另外，书中还阐述了针刺、灸烙、温熨、药摩、吹耳等治疗方法和一些急救方法。在这部著作中，张仲景创造了三个世界第一：首次记载了人工呼吸、药物灌肠和胆道蛔虫的治疗方法。

《伤寒杂病论》对后世从医者产生了巨大的影响，逐渐成为从医者必备的重要书籍，它也奠定了张仲景在中医史上的地位。

四、古代法医著作：《洗冤集录》

大家想到法医的第一印象是什么呢？冷静克制，还是手段高明，抑或是让死者开口说话？自古以来，法医就是一个很神秘的职业，他们经常和尸体打交道，但是，他们具体都做些什么呢？今天，《洗冤集录》就带你走进古代法医的生活。

《洗冤集录》是中国古代法医学的代表性著作，由"法医学之父"宋慈编撰，它是世界上现存的第一部系统的法医学专著，比国外最早出现的法医学著作要早三百五十多年。

宋慈，字惠父，南宋杰出的法医学家。他曾经先后四次担任高级刑狱法官，一生都在从事司法刑狱事业。长期的专业工作为他积累了丰厚的法医经验，他将《内恕录》等多种专业书籍，与自己实践总结出的经验相结合，写出了《洗冤集录》一书。

　　《洗冤集录》一书共五卷五十三目，约七万字。卷一包括条令、检复总说、疑难杂说等目；卷二到卷五分别列出各种尸体伤口检验的区别等。条令中列出了宋代历年工部的条令十九则，里面全是给刑法官员规定的纪律和需要注意的事项。剩下的五十二目排列分卷没有什么顺序，每个条目下面的内容相互之间都有穿插，但大致可以分为三类：第一类是介绍说明作为检验官员应当具有的态度和原则；第二类是如何对不同的尸伤进行检验，以及如何区分这些尸伤；第三类是保护受害人的保辜制度和各种救急的处理办法。

　　书中对尸体从多个方面进行了比较科学的观察和归纳，并对人体解剖、检验尸体、检查现场痕迹、鉴定死伤原因、自杀或者他杀的各种现象、各种毒物和解毒方法、急救等内容做了详细的介绍。尤其对于自杀、他杀与病死之间的区别记载十分详细，还有案例进行辅助说明。

清末《点石斋画报》中忤作验尸场景

　　此外，书中还对一些相似症状的区分进行了详细描述，帮助检验人员确定死伤原因，比如溺亡和非溺亡（死后溺到水中）、自缢和假自缢、自刑和杀伤、火死和假火死等。

书中还介绍了如何清洗尸体、人工呼吸方法、夹板固定伤断部位、银针试毒、明矾蛋白解砒霜等内容，有些内容看似毫无依据，但其实有一定的科学道理，甚至里面的一些方法，现代的法医在检验尸体的时候依然会使用。

《洗冤集录》自成书以来，便成为中国历代刑狱官员办案的必备书目，甚至后世的很多法医学著作，都以此为参考。后来，《洗冤集录》还远传海外，被译成荷兰文、德文、法文、日文、韩文等多个语言版本，对世界各国法医学的发展产生了很大的影响。

第七章

工程创造篇

一、世界文化遗产：京杭大运河

我们国家从古至今有很多宏伟壮观的水利工程，其中京杭大运河与长城、坎儿井并称为中国古代的三项伟大工程，它对周边地区的经济、文化产生了重要的影响。今天就让我们一起走近它，去感受一下古代工程建造的魅力吧！

京杭大运河是世界上里程最长、工程最大的古代运河，也是最古老的运河之一。京杭大运河虽然没有万里长城那样气势宏伟，但是它却沟通了南北多地的经济、文化，是沿线各地区发展的重要命脉。

京杭大运河的挖掘始于春秋时期。那个时候，各个国家开凿运河都是为了征服他国进行的军事活动。到了隋朝，在天下统一的情况下，统治者决定贯通南北运河，打破经济屏障，加强政治统治。

隋朝之后的各个王朝，都非常重视大运河的疏凿与维护，并且还利用运河进行漕运，发展经济和军事。依托运河，全国各地的物资被源源不断地运往都城，这样不但能维护统治，也能强大国家的实力。

京杭大运河从公元前 486 年开始开凿，距今已经有了两千五百多年的历史了。在漫长的岁月中，京杭大运河经历了三次大规模的兴修才有了现在如此宏伟的规模。它南起杭州，北到北京，中间经过了浙江、江苏、山东、河北、天津、北京等地，贯通了海河、黄河、淮河、长江、钱塘江五大水系，全长约 1797 公里。也正是由于它流经地域广阔，途中经历了各种河段、湖区段、河运交汇等复杂的地形和水域，所以京杭大运河在开凿过程中面临了很多困难和技术上的挑战，尤其是如何维持更长久的通航能力更是需要解决的问题。

为了解决这些问题，我们聪明的祖先创造出了很多科学技术，把"不可能"变为"可能"。比如，工匠们为了解决河道畅通的问题，在京杭大运河开凿过程中创造性地建设了梯级船闸系统，并且创建了南旺分水枢纽工程，借船闸使水位发生升降，从

古画中的京杭大运河

而使船只能够上行下行。京杭大运河中最早的闸门建于公元 423 年，即扬州附近运河建造的两座斗门。北宋时期建造的真州闸是世界上最早的复式船闸，这种船闸比欧洲早了四百年。

北宋时期，为了保证航运水源的稳定，在淮扬河段还创建了澳闸来提高航运的节水性，这种设计完全符合现代船闸的节水设计理论，可以说是非常先进的。

元明时期，南旺分水枢纽工程实现了合理的分流，使得下游居民的用水和朝廷的漕运都得到了保证。

正是由于种种科学技术的支持，京杭大运河才能有如此宏大的规模，才能到今天还一直可以使用。我们应当积极响应国家对京杭大运河的保护号召，自觉保护这个世界文化遗产。

二、无坝引水的水利工程：都江堰

在四川省成都市有世界上年代最久远、唯一留存、以无坝引水为特征的水利工程——都江堰，它恢宏庞大的工程和巧妙绝伦的科学设计，让人震撼、赞叹不已！今天就让我们走近都江堰，去看看古人的鬼斧神工之作！

都江堰位于四川省成都市都江堰市城西，是世界文化遗产、世界自然遗产，也是目前全球年代最久远、并且至今一直在使用的宏大水利工程。它始建于秦昭王末年，由当时的蜀郡太守李冰父子负责兴建。

在古代，成都平原水旱灾害比较严重，一遇到旱灾就是赤地千里，遇到洪涝则是一片汪洋，使得当地的百姓苦不堪言。

战国时期，战争频发，百姓饱受战乱之苦，他们希望能过上安宁的日子。在秦国经过商鞅变法后，人才辈出，国力日渐强盛，他们深刻认识到巴、蜀两地在一统天下进程中的重要战略地位，于是秦昭王便委任上知天文下知地理的李冰为蜀郡太守，治理蜀地。

李冰上任后，看到背井离乡、四处逃荒的百姓，深感痛心，于是他下定决心要治理水害，帮助百姓重新过上安居乐业的生活。

原本的岷江流经成都平原会带来大量的泥沙和岩石堵塞河道，当雨季来临，成都平原就会遭水灾，而当雨水不足的时候，这里又会出现旱灾。早前，古人已经在岷江开了一条人工河流，将岷江的一部分水引入沱江，减少水害。李冰在此基础上，依靠当地的百姓，修建了都江堰。

李冰父子带领当地有治水经验的百姓进行实地考察，然后决定在玉垒山凿出一个山口用于引水，减少西边的江水流量，同时可以解决东边地区干旱的问题。经过众人的努力，终于开凿出一个山口，因为它的形状很像瓶口，所以人们给它起名为宝瓶口，而把开凿玉垒山堆出的石堆称为离堆。这便是都江堰工程的第一步。

都江堰

第二步，修建好宝瓶口之后，由于江东的地势较高，江水不能很好地流入宝瓶口内，为了能够按照预想的那样，发挥宝瓶口的分洪灌溉作用，李冰父子决定在岷江中部修筑分水堰，将江水一分为二，使其中西边的外江，沿着岷江顺流而下，东边的内江流入宝瓶口内。由于这个分水堰前端很像是鱼的头部，所以人们称之为"鱼嘴"。这种四六分水的设计既巧妙地保证了成都平原的生产生活用水，又使其不会发生洪涝灾害。

第三步，为了控制宝瓶口的水量、防止灌溉区水量大小不稳定的状况出现，李冰在鱼嘴分水堤的尾部、靠近宝瓶口的地方，修筑了平水槽和飞沙堰，保证江水带来的泥石不会堵塞内江和宝瓶口的水道。为了观测和控制内江的水量，李冰还在水中放置了三个石桩人像，以"枯水不淹足，洪水不过肩"来确定水位的高低。

依托于李冰父子科学巧妙的设计，这座伟大的水利工程直到今天还在使用中，滋润着天府之国的万顷良田。

都江堰开创了中国古代水利史上的新纪元，它无坝引水的特点，体现出了科学的奥妙。随着时代的发展，在改革开放之后，政府又为它增加了蓄水和暗渠供水等功能，使其科技内涵得到了进一步提升，更加适应现代的需要。

如果有机会，一定要到四川的都江堰看看，感受一下它磅礴的气势，瞻仰一下古人的智慧成果！

三、凝结古人智慧的奇迹：万里长城

登上月球的美国宇航员曾说过，中国的万里长城是唯一能够在太空中用肉眼看到的人工建筑，这足以让我们引以为荣。作为享誉世界的世界中古七大奇迹之一，万里长城有哪些科学的设计呢？我们一起看看吧！

长城，又称万里长城，它位于中国的北方地区，是中国古代修建时间最长、工程量最大的军事防御工程，总长度为 21196.18 千米。它的修建从西周时期开始，中间连续不断修筑了两千多年，到了清朝康熙年间才停止了大规模修筑，但是在个别地方仍有修筑。

长城

那么，这深受历代统治者重视的长城，究竟有什么科学设计呢？

首先，我们从它的布局来看。秦朝在修筑万里长城的时候就总结出了一条十分重要的经验，那就是"因地形，用险制塞"，后来的每个朝代几乎都按照这一原则进行布防。几乎所有的关城隘口都会选在两个峡谷之间，或者河流转折处，又或者兵马必经之地，这样既能控制险要之地，又能节约人力和物力。

修筑城墙则充分利用了地形，将悬崖峭壁、江河湖泊作为天然屏障，形成易守难攻的效果。建筑材料一般就地取材、因材施用，创造了很多结构方法，比如夯土、块石片石、砖石混合的结构，以及红柳枝条、芦苇、沙砾铺筑的结构等。到了明代，砖制品产量大幅提高，很多城墙都使用巨型砖砌筑。使用砖块大大提高了施工效率，也提高了建筑水平。

其次，从万里长城的结构来看。万里长城并非只是简单的城墙，它是由城墙、敌楼、关城、墩堡、烽火台等组成的完整防御工程体系，并且由军事指挥系统层层指挥。下面我们分别来说一说。

墙身是城墙防御敌人的主要部分，一般在山势陡峭的地方修筑得比较低，平坦的地方修筑得比较高；紧要的地方修高城墙，一般的地方修低城墙。墙身有外檐墙和内檐墙之分，里面大多填满泥土和碎石。外檐墙有明显的收分，这样墙体下部的宽度大，能提高稳定性和防御性，内檐墙一般没有明显的收分，为垂直的墙体。

长城内还设置有大量的烽火台作为情报传递系统，这是最古老但行之有效的情报传递方式。边防的警报信号有两种：遇到敌情，白天放烟叫"烽"，因为白天阳光强，火光不易引起注意，烟雾更加明显；晚上举火叫"燧"，夜晚烟雾不显眼，火光却在很远处就能看见。烽火台之间，相互传递信息，这是很科学的方法。

古人常把烽火台布置在高山险要的地方或者在峰回路转的地方，而且临近的三个烽火台都必须要在各自的视野范围内，这样方便传递消息。

除此之外，还有城堡、关城等科学设计，这里就不详述了。

万里长城自构筑的那天起，就成为中华民族的象征，它代表了勤劳智慧、百折不挠、坚不可摧的民族精神。

四、古代建筑技术的代表：故宫

说到北京的著名古建筑，你最先想到的是什么呢？一定会有人想到历史悠久、气势宏伟的故宫吧。故宫是中国古代最豪华的帝王宫殿之一，堪称古代建筑艺术的代表作。今天就让我们一起来看看故宫的建筑有什么特点吧！

故宫始建于明成祖永乐四年（1406 年），是中国明清两代的皇家宫殿，古时称为紫禁城。它位于北京的中轴线上，是世界上现存规模最大、保存最完整的木质结构古建筑群之一。

故宫是根据《周礼·考工记》中"前朝后市，左祖右社"的原则建造的，在整体布局上，使用了形体变化、高低起伏的方法，使其在功能上更加符合当时封建社会的等级制度，同时又兼具了左右均衡的效果。

故宫的建筑群可以分为两部分：外朝和内廷。外朝的中心位置是三大殿，即太和殿、中和殿、保和殿，是皇帝处理政事和举行盛典的地方；内廷的中心则是后三宫，即乾清宫、交泰殿、坤宁宫，是皇帝和皇后的居所。

故宫的三大殿，造型宏伟壮丽，样式明朗开阔，象征着封建王朝统治者至高无上的权力。太和殿位于故宫对角线的中心，四角上各装饰有十只吉祥瑞兽，彰显着皇家的威严。内廷的设计则更加深邃紧凑，东西六宫相对排列，井然有序。从整体来看，故宫的宫殿建筑沿一条南北方向的中轴线排列，向两边展开，左右对称。

故宫有四个大门，分别是平面为凹形的正门午门、东边的东华门、西边的西华门、北边的神武门。在故宫的四个城角都设置有呈十字屋脊的角楼。

故宫三大殿都建在汉白玉砌成的工字形基台之上，太和殿、中和殿、保和殿呈前、中、后排列。基台为三层重叠的设计，每层台的边缘都用汉白玉雕刻成的栏板、望柱以及龙头等进行装饰。三台中有三层石阶刻

故宫的建筑工艺

有蟠龙、海浪和流云等图案，象征着皇帝专用的"御路"。这样的汉白玉三层基台，是中国古代建筑中独有的装饰方式。并且这种设计，在雨季的时候，可以通过栏板下方的石头的小洞口，以及望柱下的龙头进行排水，既有科学设计又具有艺术美感。

除此以外，在宫殿内部的"天花""藻井"，以及殿外房檐下的"斗拱"上都绘有富丽堂皇的彩绘。檐下的斗拱除了在结构上起到支撑作用之外，还起到了装饰的作用，从远处望去重峦叠嶂，美丽异常。

故宫的建筑多式多样，其中屋顶的形式就有十种以上。故宫主要宫殿的屋顶以黄色的琉璃瓦件为主，皇子居住区域的建筑是以绿色的琉璃瓦为主，而其他五颜六色的琉璃则是镶嵌在花园或者是琉璃壁上。

此外，内廷还有御花园、养心殿、长春宫、翊坤宫、储秀宫、漱芳斋等建筑，无一不彰显着皇家的大气与庄严。

纵观故宫的建筑，不难在它的身上找寻到中国古建筑的特点，即以木材为主，建筑造型方正平直，这是古人追求郑重宽阔、博大为怀的理念在建筑上的体现。

故宫不仅是明清五百多年来最高权力的中心，更是明清历史、政治、文明的见证者，它的存在为我们研究中国古代文化提供了很多资料，为我们研究古代建筑科学设计提供了实物。有机会的话，我们一定要去故宫，感受一下皇家宫殿的庄严与气派。